"十四五"职业教育国家规划教材

网络综合布线与施工

（第 2 版）

裴有柱　主编

電子工業出版社
Publishing House of Electronics Industry
北京 · BEIJING

内 容 简 介

本书参照综合布线施工人员的职业岗位要求，改革传统编写模式，采用项目管理、模块组合、任务驱动的方式进行讲解。书中以一个真实网络布线工程项目为实例，以最新网络综合布线理论为基础，深入浅出地介绍网络综合布线的必备知识和实用技能，将工程实践与教学紧密结合。同时，通过实训环节培养学生的工程意识和工程习惯，以满足实际工程的需要。

本书适合作为中等职业学校教材，也可供广大综合布线爱好者参考。

未经许可，不得以任何方式复制或抄袭本书之部分或全部内容。
版权所有，侵权必究。

图书在版编目（CIP）数据

网络综合布线与施工 / 裴有柱主编. —2 版. —北京：电子工业出版社，2019.11

ISBN 978-7-121-38123-2

Ⅰ. ①网… Ⅱ. ①裴… Ⅲ. ①计算机网络—布线 Ⅳ. ①TP393.03

中国版本图书馆 CIP 数据核字（2019）第 267258 号

责任编辑：裴　杰
印　　刷：涿州市京南印刷厂
装　　订：涿州市京南印刷厂
出版发行：电子工业出版社
　　　　　北京市海淀区万寿路 173 信箱　邮编　100036
开　　本：787×1 092　1/16　印张：13　字数：332.8 千字
版　　次：2009 年 9 月第 1 版
　　　　　2019 年 11 月第 2 版
印　　次：2023 年 8 月第 6 次印刷
定　　价：33.50 元

凡所购买电子工业出版社图书有缺损问题，请向购买书店调换。若书店售缺，请与本社发行部联系，联系及邮购电话：（010）88254888，88258888。

质量投诉请发邮件至 zlts@phei.com.cn，盗版侵权举报请发邮件至 dbqq@phei.com.cn。

本书咨询联系方式：（010）88254617，luomn@phei.com.cn。

前言

本书以党的二十大精神为统领，全面贯彻党的教育方针，落实立德树人根本任务，践行社会主义核心价值观，铸魂育人，坚定理想信念，坚定“四个自信”，为中国式现代化全面推进中华民族伟大复兴而培育技能型人才。

综合布线系统又称结构化布线系统，是目前流行的一种新型布线方式。它采用标准化部件和模块化组合方式，把语音、数据、图像和控制信号用统一的传输介质进行综合，形成一套标准、实用、灵活、开放的布线系统。综合布线系统将计算机技术、通信技术、信息技术和办公环境集成在一起，实现了信息和资源共享，提供了迅捷的通信和完善的安全保障。

本书遵循技能人才培养的规律和特点，参照综合布线施工人员的职业岗位要求，改革传统编写模式，采用项目管理、模块组合、任务驱动的方式进行讲解，符合中等职业学校工学结合教育的发展方向。本书以一个真实网络布线工程项目为实例，以最新网络综合布线理论为基础，深入浅出地介绍了网络综合布线的必备知识和实用技能，简明实用、层次分明，本着“讲得清、做得了”的原则，融实用性、先进性、启发性、知识性、可操作性于一体，将工程实践与教学紧密结合，将知识介绍与任务实训紧密关联，将实践与工程意识和工程习惯培养相结合，达到培养高技能人才的目的。

本书分为 7 个模块。模块 1 为开启综合布线之门，以真实校园网的网络综合布线工程项目为实例，介绍项目内容、目标及要求，引出相关知识，包括综合布线系统的定义、组成、特点、发展过程及前景，同时介绍国际、国内布线标准；模块 2 为综合布线系统设计，通过工程项目需求分析，介绍综合布线系统设计的等级、原则、步骤和工作区设计方法，并完成校园网项目工程设计；模块 3 为传输介质与布线组件，根据实际工程需要，主要介绍双绞线和光纤的特点、选用方法，同时对各种布线组件进行说明；模块 4 为综合布线工程施工，通过真实工程任务分析，介绍各种施工方法，包括各项准备工作、线缆制作等；模块 5 为综合布线系统测试与验收，主要介绍能手、Fluke 等品牌的常用测试仪器及其使用方法，并给出真实工程验收结果；模块 6 为综合布线系统工程文档，主要介绍招标文档、投标文档、施工文档、验收文档的撰写及管理方法，同时给出真实工程实施合同；模块 7 为综合布线产品，主要介绍国内外著名网络布线厂商和产品。为配合内容讲解，提高学习效果，每个模块都配有实训（书后配有实训报告样表），并附有思考与练习。

本书可作为中等职业学校网络综合布线课程教材，也可供培训机构使用。

本书由裴有柱主编，李云平、张扬、梁平参编，编写过程中得到了郭红的大力协助，提供了大量实用资料，在此表示感谢。

由于时间仓促，书中难免有错误和不妥之处，敬请读者批评指正。

为配合教学，本书提供了电子教案和微课，读者可在华信教育资源网下载。

编　者

目录

模块 1

开启综合布线之门

学习目标

【知识目标】

- ◆ 理解综合布线系统的概念。
- ◆ 熟悉综合布线系统的组成。
- ◆ 了解国际、国内综合布线标准。
- ◆ 知晓综合布线系统工程主要工作。
- ◆ 掌握局域网的概念及布线特点。

【能力目标】

- ◆ 能够以真实的综合布线系统为导向进行项目管理与规划。

综合布线系统（Premises Distributed System，PDS）是一种集成化传输系统，是在楼宇内或楼宇之间利用双绞线或光纤传输信息，连接电话、计算机、会议电视和监控电视等设备的结构化信息传输系统。下面就以一个真实的工程项目为案例来开启综合布线之门。

1.1 项目 真实的综合布线系统

信息学院为实现教学现代化、提高管理水平，拟组建自己的校园网，并接入 Internet。

1.1.1 项目引入

本工程需要进行楼内网络布线及建筑群之间的光纤敷设，把校园网的各信息点及主要网络设备，用标准的传输介质和模块化的系统结构，构成一个完整的信息化教学与管理综合布线系统，以此连接各办公室、教室、图书馆、机房及信息中心，形成分布式、开放式的网络环境。

信息学院主要有 4 幢建筑，分别是 1、2、3、4 号楼。其中，1 号楼是多媒体教室用楼，共 4 层，有多媒体教室 60 间，计划设置信息点 100 个；2 号楼是信息中心楼，共 5 层，包括网管中心、图书馆、网络实训中心、动漫制作中心及 12 个常用机房，计划设置信息点 200 个（注意：信息中心楼的布线工程是本书重点介绍的内容）；3 号楼是办公楼，共 4 层，包括办公室、会议室和报告厅，计划设置信息点 160 个；4 号楼是教学主楼，共 11 层，包括多媒体教室、普通教室和教师办公室，计划设置信息点 300 个。信息学院环境布局示意图如图 1-1 所示。

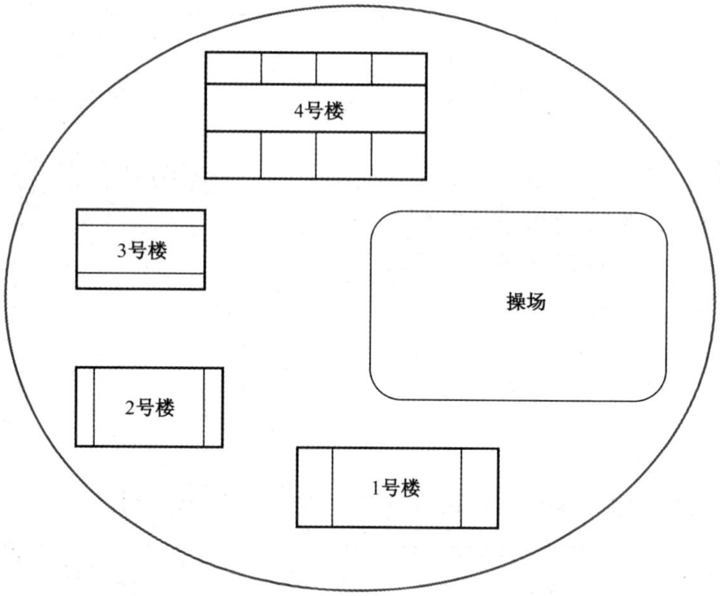

图 1-1　信息学院环境布局示意图

工程具体内容：

（1）信息中心楼（2 号楼）：5 层主控机房网络布线工程（强电、弱电布线，抗静电地板接地、改造，机房隔断建设，原布线线缆整理）。

（2）1 号楼与 2、3、4 号楼主机房光纤连接敷设。

1.1.2　功能要求

根据学院环境布局和实际需要，经过实地测量，本工程应从总体要求、具体要求、工程目标、性能指标、施工范围等方面进行考虑，具体如下。

1. 总体要求

（1）本工程的目的在于建立一套先进、完善的布线系统，满足现在的需要，并兼顾未来发展的需要，系统应达到配置灵活、易于管理、易于维护、易于扩充的要求。

（2）各投标方所提供的方案应包括系统设计方案和工程实施方案，必须保证不影响正常教学工作。

（3）系统设计必须严格遵守国家相关技术规范、标准，并符合招标文件要求。相关设计规范如下。

①《综合布线系统工程设计规范》（GB 50311—2016）。

②《综合布线系统工程验收规范》（GB 50312—2016）。

③《大楼通信综合布线系统 第 1 部分：总规范》（YD/T 926.1—2009）。

④《大楼通信综合布线系统 第 2 部分：电缆、光缆技术要求》（YD/T 926.2—2009）。

⑤《大楼通信综合布线系统 第 3 部分：连接硬件和接插软线技术要求》（YD/T 926.3—2009）。

⑥《商业建筑通信布线系统标准》（ANSI/TIA/EIA 568B）。

⑦《信息技术—用户房屋综合布线标准》（ISO/IEC 11801）。

⑧《CSMA/CD 接口方法》（IEEE 802.3）。

2. 具体要求

（1）先进性与成熟性平衡原则。信息技术发展迅速，既要选择成熟的产品，又要选择适当超前的先进技术。

（2）灵活性与扩展性原则。采用模块化结构，具有灵活、通用的特点，在系统修改和设备移位时，不必更换布线系统，仅在配线架上进行跳线管理即可解决问题。

（3）信息共享与网络化原则。系统中的组件或子系统应尽量选择能够连接入网和共享信息的系统或设备。

（4）标准化与规范性原则。系统应遵循相关标准和行业规范，布线方案应符合 ANSI/TIA/EIA 568B、ANSI/TIA/EIA 569A、ISO/IEC 11801、IEEE 802.3、EN 50173 等国际标准和相关国家标准。系统不仅能传输语音、数据和图像，还能兼容不同厂家的系统和设备，具有较好的互操作性。

（5）相对高可用性原则。在权衡经济代价的前提下，主要系统和骨干平台应选用高可靠性系统或设备。

（6）经济性与投资保护原则。在保证质量和可维护性的前提下，应尽量控制成本，减少重复和浪费。

（7）分步实施、逐步到位原则。在复杂的大系统建设中，统筹规划、有序进行极为重要，只有这样才能更好地使系统建设做到整体协调。

3. 工程目标

整个工程应包含工作区、配线、管理间、干线、设备间、建筑群子系统的全部布线产品（各种电缆、光缆、配线架、模块、面板、插座、插头和配套施工器材等），工程目标如下。

（1）支持高速率数据传输，能传输数字、多媒体、视频、音频信息。

（2）每个工作区有 2 个或 2 个以上信息插座。

（3）每个信息插座有 4 对非屏蔽双绞线（Unshielded Twisted Pair，UTP）电缆。

（4）所有接插件都采用模块化标准件，以便兼容不同厂家的设备。

（5）布线系统要有易于安装、维护的明显识别标志。

（6）工作区布点要满足实际需要。

（7）能通过中国网通和中国教育网访问 Internet。

4. 性能指标

（1）所有电缆产品必须满足 1000Mb/s 的传输速率要求；所有光缆产品必须满足 1000Mb/s 的传输速率要求，同时通过预留光纤通道支持升级型 10000Mb/s 或未来网络传输速率要求。

（2）连接设备间的光纤配线架至各电信间光纤配线架的主干网传输速率应为 1000Mb/s 或以上。

（3）连接设备间的电缆配线架至各电信间电缆配线架的语音主干缆传输速率应为 10Mb/s 或以上。

（4）连接各电信间的数据电缆配线架至各工作区信息终端采用超 5 类电缆，传输速率应在 1000Mb/s 以上。

（5）投标方应在实际方案中明确说明以上要求。

5. 施工范围

本工程各楼之间采用光纤连接；2 号楼（网管中心为一级节点）各层之间也采用光纤连接，这是本工程的建设重点；其余楼内及其他节点处采用双绞线布线。信息学院网络工程结构图如图 1-2 所示，2 号楼网络工程结构图如图 1-3 所示。

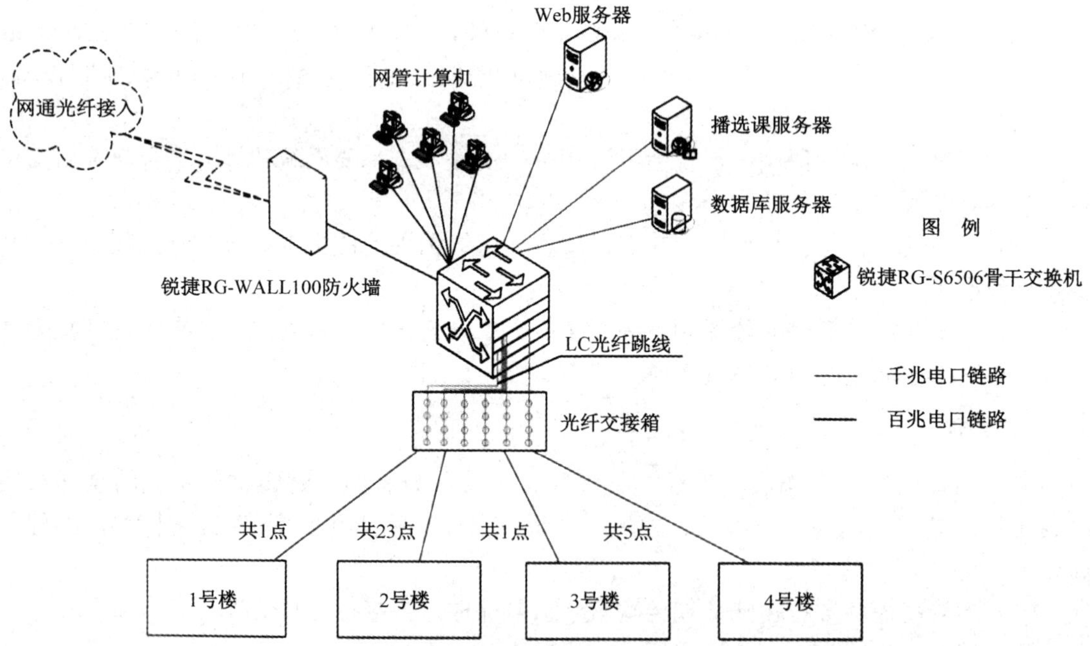

图 1-2　信息学院网络工程结构图

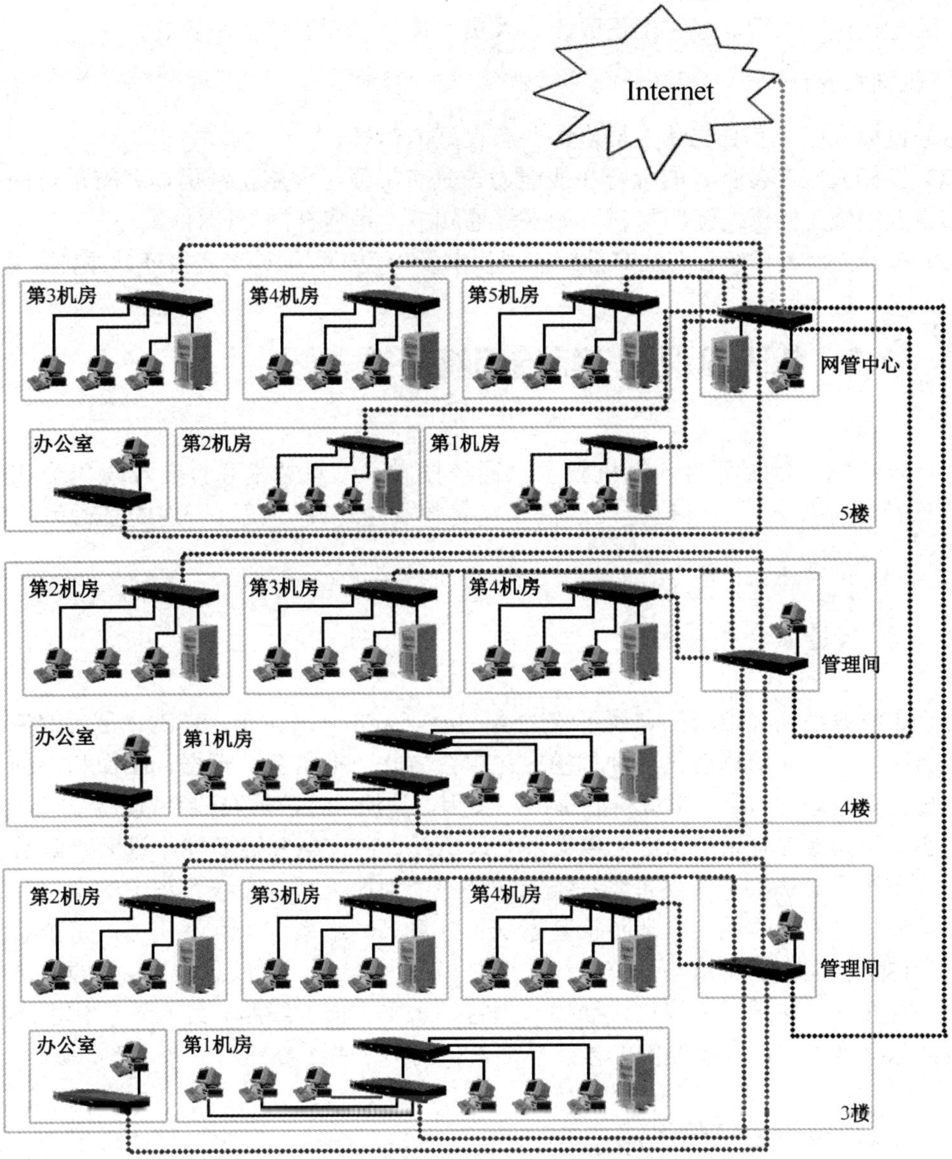

图 1-3　2 号楼网络工程结构图

1.1.3　投标须知

为加快建设速度，确保工程质量，信息学院校园网综合布线工程采用公开招标方式进行。招标方将根据各投标方所报的技术方案、系统造价和工程实施能力进行综合评定，确定总承包商。

1. 招标内容

（1）综合布线工程设计方案、综合布线产品、设备供应方案、工程实施方案和相应的技术服务。

（2）总承包商要对整个工程负责，包括系统方案及施工图纸设计、产品及设备供应、设备安装与调试、工程监理、工程验收、人员培训、工程后技术服务等。

2. 投标人资格

（1）投标人应具有独立法人资格，并有良好的信誉。

（2）投标人应具备良好的综合布线能力，具有类似工程施工经历，并有最近两年典型网络布线工程施工经历的证明材料，如中标通知书、销售合同复印件等。

（3）投标人应提供综合布线产品厂家授权书及相关工程师施工资格证件原件和复印件。

1.2 相关知识——综合布线系统

现代建筑物通常需要将计算机技术、通信技术、信息技术和办公环境集成在一起，实现信息和资源共享，提供迅捷的通信和完善的安全保障，而这一切的基础就是综合布线系统。

1.2.1 什么是综合布线系统

综合布线系统又称结构化布线系统（Structure Cabling System，SCS），是目前流行的一种新型布线方式，采用标准化部件和模块化组合方式，把语音、数据、图像和控制信号用统一的传输介质进行综合，形成一套标准、实用、灵活、开放的布线系统。它既能使语音、数据、图像与其他信息系统相连，也支持会议电视、监控电视等多种计算机数据系统。

综合布线系统解决了常规布线系统无法解决的问题。常规布线系统中的电话系统、保安监控系统、电视接收系统、消防报警系统、计算机网络系统等互不相连，每个系统的终端接插件也不相同，要对这些系统进行改变是极其困难的，通常要付出很高的代价。相比之下，综合布线系统采用模块化接插件，垂直、水平方向的线路一经布置，只需改变接线间的跳线和交换机，增加接线间的接线模块，便可对这些系统进行扩展和移动。

1.2.2 综合布线系统的组成

综合布线系统采用标准化部件和模块化组合方式，主要由 6 个独立子系统（模块）组成。

（1）工作区子系统：由终端设备至信息插座之间的设备组成，包括信息插座、插座盒、连接跳线和适配器。

（2）水平（配线）子系统：由工作区的信息插座、楼层配线设备至信息插座的水平电缆、楼层配线设备和跳线等组成，实现信息插座和管理间子系统（配线架）间的连接，相关设备一般位于同一楼层。

（3）垂直（干线）子系统：通常由主设备间（如计算机房、程控交换机房）提供建筑中最重要的铜线或光纤主干线路，将主配线架与各楼层配线架连接起来，是整个建筑的信息交通枢纽。它一般提供位于不同楼层的设备间和布线框间的多条连接路径，也可连接单层楼的大片区域。

（4）设备间子系统：设备间是在每幢大楼的适当地点设置进线设备，方便管理人员管理网络及值班的场所。设备间子系统将各种公共设备（如计算机、数字程控交换机、各种控制系统等）与主配线架连接起来。

（5）管理间子系统：管理间子系统设置在楼层配线设备的房间内。管理间子系统为连接其他子系统提供手段，主要用于连接垂直子系统和各楼层水平子系统，主要设备包括配线架、集线器、机柜和电源。

（6）建筑群子系统：建筑群子系统将一栋建筑的线缆延伸到建筑群内其他建筑的通信设备和设施，包括铜线、光纤，以及防止其他建筑电缆的浪涌电压进入本建筑的保护设备。

当综合布线系统需要在一个建筑群内敷设较长距离的线路，或者建筑物内的信息系统要求组成高速率网络，或者与外界其他网络（特别是电力电缆网络）一起敷设有抗电磁干扰要求时，应采用光纤作为传输介质。光纤传输系统应能满足建筑与建筑群环境对电话、数据、计算机、电视等的综合传输要求，当用于计算机局域网时，宜采用多模光纤；作为远距离电信网的一部分时，应采用单模光纤。

综合布线系统组成图如图 1-4 所示。

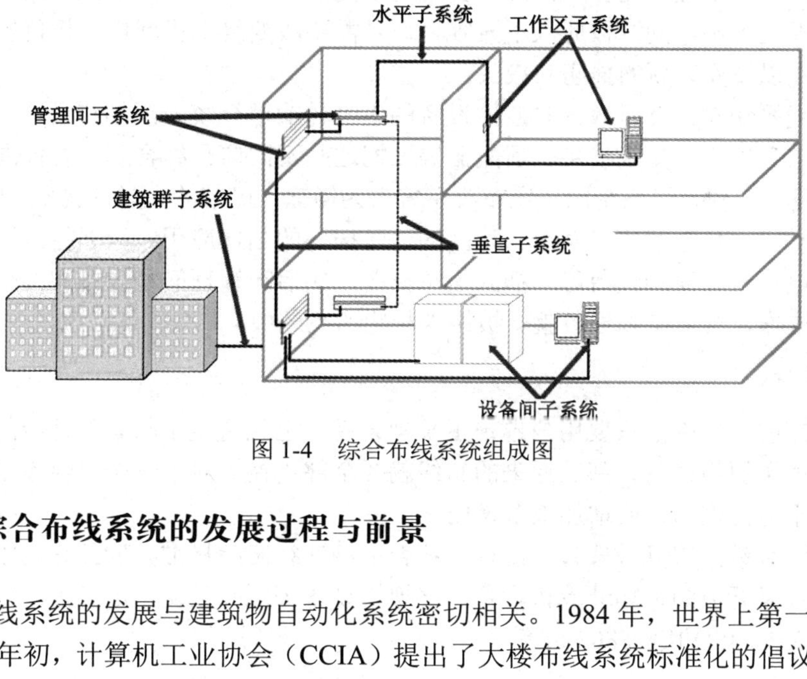

图 1-4 综合布线系统组成图

1.2.3 综合布线系统的发展过程与前景

综合布线系统的发展与建筑物自动化系统密切相关。1984 年，世界上第一座智能大厦诞生。1985 年初，计算机工业协会（CCIA）提出了大楼布线系统标准化的倡议。1991 年 7 月，ANSI/TIA/EIA 568 标准问世，与布线通道、空间、管理、电缆性能及连接硬件性能等有关的标准也同时推出。1995 年底，ANSI/TIA/EIA 568 标准正式更新为 ANSI/TIA/EIA 568A 标准，国际标准化组织（ISO）也推出了相应标准 ISO/IEC 11801。1997 年，TIA 出台了 6 类布线系统草案，基于光纤的千兆网标准也于同年推出。1999 年至今，TIA 又陆续推出了 6 类布线系统正式标准，ISO 推出了 7 类布线标准。

从技术上看，综合布线系统正向高带宽、高速率方向发展，而随着网络应用的深入，传统大厦布线市场也发生了变化，除智能大厦这种标准的综合布线场所外，一些以前并未考虑综合布线的场所，如住宅、中小办公楼等，也开始成为综合布线系统的用户群。但不同的用户群对综合布线有不同的要求，因此，同样的布线系统在不同应用市场上应该有所区别，以适应特定的用户需求。现在，布线系统已不再是一种可有可无的系统，而是数据通信系统一个必要的组成部分。

1.2.4 综合布线系统的特点

与传统布线系统相比，综合布线系统具有许多优越性，是传统布线系统无法比拟的。其特点主要有兼容性、开放性、灵活性、可靠性、先进性和经济性。此外，其在设计、施工和维护方面也给人们带来了许多便利。

1. 兼容性

综合布线系统的首要特点是它的兼容性。所谓兼容性是指它自身是完全独立的，与应用系统无关，可以适用于多种应用系统。

过去，为一幢大楼或一个建筑群内的语音或数据线路布线时，往往采用不同厂家生产的电缆、配线插座及接头等。例如，用户交换机通常采用双绞线，计算机系统通常采用粗同轴电缆或细同轴电缆。这些不同的设备使用不同的配线，而连接这些不同配线的接头、插座及端子板也各不相同，彼此互不兼容。一旦需要改变终端机或电话机位置，就必须敷设新的线缆，以及安装新的插座和接头。

综合布线系统对语音、数据与监控设备的信号传输进行统一规划和设计，采用相同的传输介质、信息插座、交连设备、适配器等，把这些不同信号综合到一套标准的布线系统中。由此可见，这种布线系统比传统布线系统大为简化，可节约大量的物资、时间和空间。

在使用时，用户无须定义某个工作区的信息插座的具体应用，只要把终端设备（如个人计算机、电话机、视频设备等）插入信息插座，然后在管理间和设备间的交接设备上做相应的接线操作，这个终端设备就会被接入相应的系统中。

2. 开放性

在传统布线系统中，只要用户选定了某种设备，也就选定了与之相适应的布线方式和传输介质。如果更换设备，那么原来的布线就要全部更换。对于一个已经完工的建筑物，这种变化是十分困难的，要增加很多投资。

综合布线系统采用开放式体系结构，符合多种现行国际标准，因此它几乎对所有著名厂商的产品都是开放的，如计算机设备、交换机设备等；并且支持所有主流通信协议，如ISO/IEC 8802-3、ISO/IEC 8802-5 等。

3. 灵活性

传统布线系统是封闭的，体系结构是固定的，迁移设备或增加设备是相当困难且麻烦的，甚至是不可能实现的。

综合布线系统采用标准的传输线缆和相关连接硬件，以及模块化设计方式，因此所有通道都是通用的，每条通道均可支持终端、以太网工作站及令牌环网工作站。所有设备的开通及更改均不需要改变布线，只需要增减相应的应用设备，以及在配线架上进行必要的跳线管理。另外，组网也更加灵活，甚至在同一房间内可以有多个用户终端、以太网工作站、令牌环网工作站并存，为用户组织信息流提供了必要条件。

4. 可靠性

采用传统的布线方式时，由于各个应用系统互不兼容，因而在一个建筑物中往往有多种布线方案。因此，建筑系统的可靠性要由所选用的布线系统的可靠性来保证，当各应用系统布线不当时会造成交叉干扰。

综合布线系统采用高品质的材料和组合压接的方式构成一套高标准的信息传输通道。所有线槽和相关连接件均通过 ISO 认证，每条通道都采用专用仪器测试链路阻抗及衰减率，以保证其电气性能；应用系统布线全部采用点到点端接，任何一条链路故障均不影响其他链路的运行，这就为链路的运行维护及故障检修提供了方便，从而保障了应用系统的可靠运行；各应用系统往往采用相同的传输介质，因而可互为备用，提高了备用冗余。

5. 先进性

综合布线系统通常采用光纤与双绞线混合的布线方式，极为合理地构成一套完整的布线系统。

综合布线采用最新通信标准，链路均按 8 芯双绞线配置，5 类双绞线带宽可达 100MHz，6 类双绞线带宽可达 200MHz；针对特殊用户的需求，可把光纤引到桌面，为同时传输多路实时多媒体信息提供足够的带宽容量。

6. 经济性

综合布线系统不仅从技术与灵活性上解决了各种信息综合通信问题，而且性价比非常高。

从投资方面讲，综合布线系统的初期投资比传统布线系统高，但考虑到今后的发展，增加一些初期费用势必会减少将来的运行费用和变更费用。美国一家调查公司对 400 家大公司的 400 幢办公大楼在 40 年内各项费用的比例情况进行了统计，结果表明，初期投资（结构费用）只占 11%，而运行费用占 50%，变更费用占 25%。由此可见，采用综合布线系统是明智之举。

从技术与灵活性方面讲，综合布线系统就更加具有优势，主要表现在如下几方面。

（1）采用标准的综合布线系统后，只需要将终端设备插入墙上的标准插座，然后在同层的跳线架上做相应的跳线操作，即可满足用户的需求。

（2）当需要把设备从一个房间搬到另一层的某个房间，或者在一个房间中增加新设备时，只需要在原插口上做简单的分线处理，然后在同层配线间和总设备间做跳线操作，而不需要重新布线。

（3）采用光纤、超 5 类或 6 类双绞线混合的综合布线方式，不仅可以满足三维多媒体信息传输需求，还可以实现与全球信息高速公路的接轨。

1.2.5 综合布线系统相关标准

综合布线系统自问世以来已经历了近二十年的发展历程。在此期间，随着信息技术的发展，布线技术也在不断变化。与之相适应，布线系统相关标准也不断推陈出新，各国际标准组织都在努力制定更新的标准以满足技术和市场的需求。有了标准，就有了依据，这对于综合布线产品的设计、制造、安装和维护具有十分重要的意义。

1. 国际标准

综合布线系统相关标准基本上是由具有相当影响力的国际或大国标准组织制定的，如美国通信工业协会/电子工业协会（Telecommunication Industry Association/ Electronic Industry Alliance，TIA/EIA）、国际标准化组织/国际电工委员会（International Organization for Standardization/International Electrotechnical Commission，ISO/IEC）、欧洲标准化委员会（CENELEC）、国际电子电气工程师协会（Institute of Electrical and Electronic Engineers，IEEE）等，其他各国基本上是等效采用相关的国际标准。

在实际应用中，主要参考以下几个标准体系。

1）美洲标准

TIA/EIA 为综合布线系统制定了一系列标准，具体如下。

（1）《商业建筑通信布线系统标准》（ANSI/TIA/EIA 568）。

（2）《商业建筑电信通道及空间标准》（ANSI/TIA/EIA 569）。

（3）《商业建筑物电信基础结构管理标准》（ANSI/TIA/EIA 606）。

（4）《商业建筑物接地和接线规范标准》（ANSI/TIA/EIA 607）。

2）ISO 标准

ISO/IEC 针对综合布线系统的抗干扰、防噪、防火、防毒等关键技术颁布了以下标准。

（1）《信息技术—用户房屋综合布线标准》（ISO/IEC 11801）。

（2）《局域网布线标准》（IEEE 802.1～802.11）。

3）欧洲标准

《信息技术—布线系统标准》（EN 50173）是欧洲标准化委员会颁布的标准，该标准与ISO/IEC 11801 标准是一致的，但比 ISO/IEC 11801 标准更加严格。

2. 国内标准

我国的综合布线标准基本上是参照国际标准，由国内有关协会、行业和部门所制定的，主要是针对我国国情和习惯做法所做的规定。

1）国家标准

（1）《综合布线系统工程设计规范》（GB 50311—2016）。

（2）《综合布线系统工程验收规范》（GB 50312—2016）。

（3）《智能建筑设计标准》（GB 50314—2015）。

2）行业标准

（1）《大楼通信综合布线系统 第 1 部分：总规范》（YD/T 926.1—2009）。

（2）《大楼通信综合布线系统 第 2 部分：电缆、光缆技术要求》（YD/T 926.2—2009）。

（3）《大楼通信综合布线系统 第 3 部分：连接硬件和接插软线技术要求》（YD/T 926.3—2009）。

3）协会标准

中国工程建设标准化协会于 1997 年颁布了两个与综合布线系统相关的标准，这两个标准积极采用国际先进经验，与国际标准接轨，具体如下。

（1）《建筑与建筑群综合布线系统工程设计规范》（CECS 72:97）。

（2）《建筑与建筑群综合布线系统工程施工及验收规范》（CECS 89:97）。

3. 标准要点

1）目的

（1）规范一个通用语音和数据传输的电信布线标准，以支持多设备、多用户的环境。

（2）为服务于商业的电信设备和布线产品的设计提供方向。

（3）能够对商用建筑中的结构化布线进行规划和安装，使之能够满足用户的多种需求。

（4）为各种类型的线缆、连接件及布线系统的设计和安装建立性能、技术标准。

2）范围

（1）标准针对的是“商业办公”电信系统。

（2）布线系统的使用寿命要求在10年以上。

3）内容

内容包括所用介质、拓扑结构、布线距离、用户接口、线缆规格、连接件性能、安装程序等。

4）涉及范畴

（1）水平布线系统：涉及水平跳线架、水平线缆、线缆出入口、连接器、转换点等。

（2）垂直布线系统：涉及主跳线架、中间跳线架、建筑外主干线缆、建筑内主干线缆等。

（3）UTP布线系统：目前主要指超5类、6类双绞线。

（4）光缆布线系统：分为水平干线子系统和垂直干线子系统，它们分别使用不同类型的光缆。

水平干线子系统：62.5/125μm多模光缆（出入口有2条光缆），多数为室内型光缆。

垂直干线子系统：62.5/125μm多模光缆或10/125μm单模光缆。

（5）综合布线系统的设计方案不是一成不变的，而是根据环境和用户要求来确定的。

综合布线标准的制定对综合布线及网络的发展有深刻的影响。对于业内人士而言，及时了解布线标准的动态对于产品的开发至关重要；对于用户而言，了解布线标准的发展对于保护自己的投资是十分重要的。

1.2.6 局域网综合布线

近年来，局域网（LAN）技术得到了迅速发展，无论是网络速率还是覆盖范围都发生了很大的变化，网络速率从10Mb/s、100Mb/s发展到1000Mb/s、10Gb/s，局域网连接也从单一的办公室或机房扩展到了多室多处相连。随着局域网速率的提高和覆盖范围的增大，局域网布线对网络的影响越来越大。因此，了解局域网的概念及特点是十分必要的。

1. 局域网的概念

局域网是网络的一种，由于网络技术在不断发展，各国家和地区因硬件和线路不同，使用的网络产品和网络技术不同，所以很难给出一个明确的定义，但可从以下几方面理解局域网的概念。

1）局域网是限定区域的网络

限定区域不仅指定地理区域的大小，还指定在功能上、组织上都比较封闭的空间，如办公大楼内、学校的校园内等。

2）局域网是高速网络

高速网络是指数据在网络中传输的速率高，局域网使用的通信线路多选用金属或光纤介质，传输速率可达 100Mb/s 甚至 1000Mb/s。

3）局域网是专用网络

专用网络是指局域网不使用电话线路或公用线路，而是自行架设而成的自用网络。

4）局域网是遵循国际标准的开放性网络

开放性网络是指局域网的体系结构遵循 ISO 标准，它能够与任何遵循 ISO 标准的系统通信。

2. 局域网布线特点

局域网技术是目前计算机网络研究的重点和热点，是发展最快的技术领域之一。局域网布线具有如下特点。

（1）局域网是覆盖有限地理范围的网络，适用于机关、公司、校园、工厂等各种单位。局域网布线重点强调线缆安装，涵盖工作区子系统、水平子系统、垂直子系统、设备间子系统、管理间子系统、建筑群子系统等。

（2）局域网是一种通信网络，主要技术体现在网络拓扑、传输介质与介质访问控制方面，具有高速率、高质量数据传输能力。布线标准采用 IEEE 802 协议；重点强调金属电缆布线，因为它是当前占支配地位的布线方法；还有速率更高的光纤网布线，它是未来快速网络发展的方向。

（3）局域网属于单位自有，易于建立、维护和使用。局域网布线要根据单位自身的应用与财力情况规划使用范围、制定建设方案，以满足自身需求。

1.3 项目实现——布线工程 6 项工作

网络综合布线工程的实施不是一件简单的事，实施者必须具备很多相关方面的知识，并积累工程实践经验，通常需要做好如下几方面工作。

1. 用户需求报告

用户需求报告是网络综合布线工程的建设依据，包括工程内容、等级、目标等。

2. 布线方案设计

网络综合布线方案是工程实施的蓝图，是工程建设的框架。网络综合布线方案设计的好坏直接影响布线工程的质量和性价比。因此，做好网络综合布线方案设计是非常重要的，在布线方案设计工作中主要讨论的是怎样设计布线系统，这个系统中有多少个信息点，怎样通过水平干线、垂直干线、建筑群子系统把它们连接起来。

3. 选择建设材料

选好建设材料是布线工程质量的基本保障，涉及选择哪些传输介质（线缆），需要哪些线材（槽管），以及材料价格和施工费用是多少等问题。

4. 工程施工

工程施工是实现工程设计、满足用户需求的唯一途径，包括开工报告、施工图准备、人员安排、备料、制定工程进度表、具体实施等工作。

5. 测试与验收

测试与验收是施工单位向用户方移交的正式手续，可检查工程施工是否符合设计要求和有关施工规范、是否达到了设计目标、质量是否符合要求。

6. 文档管理

在测试与验收结束后，将建设单位所交付的文档材料及测试与验收所使用的材料一起交给用户方的有关部门存档，主要包括综合布线工程建设报告、综合布线工程测试报告、综合布线工程资料审查报告、综合布线工程用户意见报告和综合布线工程验收报告。

1.4 同步训练

1.4.1 思考与练习

（1）什么是综合布线系统？
（2）综合布线系统的 6 个子系统分别是什么？
（3）综合布线国内、国际常用标准有哪些？
（4）综合布线系统的主要特点有哪些？

1.4.2 实训

1. 实训题目

参观真实的网络综合布线系统。

2. 实训目的

了解网络综合布线系统的组成，通过参观区分系统中的不同子系统，同时了解布线系统中所使用的材料与设备。

3. 实训内容

参观访问采用综合布线系统的单位，并根据所见内容画出综合布线系统示意图。

4. 实训方法

（1）了解网络基本情况，包括建筑环境、结构、信息点数目及其功能。
（2）参观设备间，记录所用设备的名称、规格及连接情况。

（3）参观管理间，查看配线架，并记录规格和标识（注意：设备间和管理间可同在一处）。

（4）参观垂直子系统，观察敷设方式，了解线缆类型和规格。

（5）参观水平子系统，观察布线方式，了解线缆类型和规格。

（6）参观工作区子系统，查看信息插座配置数量、类型、高度和布线方式。

5. 实训总结

（1）根据参观记录，画出该网络综合布线系统结构示意图，要求标明设备的名称、型号、数量及选用的介质类型与规格。

（2）分组讨论，说明该网络综合布线系统的特点，并指出存在的问题。

（3）按照附录所给实训报告样表写出报告。

模块 2

综合布线系统设计

学习目标

【知识目标】

◆ 了解综合布线系统设计原则和等级。
◆ 熟悉综合布线系统设计内容和流程。
◆ 掌握综合布线各子系统设计要点。
◆ 通过案例学会综合布线系统工程设计。
◆ 熟悉 Microsoft Visio 的使用方法。

【能力目标】

◆ 以真实的综合布线系统任务为导向，进行网络布线工程设计。
◆ 以真实的综合布线系统任务为导向，利用 Microsoft Visio 完成典型施工图纸的绘制工作。

综合布线系统设计是一项十分重要的工作，系统设计的好坏直接影响工程实现。这需要设计人员认真做好相关知识准备，并多加实践，设计出合理、优化的方案。

2.1 任务 综合布线系统工程设计

为完成综合布线系统工程设计工作，设计人员必须深入了解用户需求，认真进行任务分析，做到胸有成竹、合理安排。

2.1.1 任务引入

综合布线系统设计的首要任务就是根据用户需求（包括工程内容、等级、要达到的目标等）进行工程设计，工程设计占据整个网络工程 30%～40%的工作量，剩下的就是具体实现的问题。以信息学院 2 号楼（信息中心楼）综合布线为例，具体任务是把楼内主要设备的信息点连接到网管中心（一级节点），形成星形网络拓扑结构，它能够传输多媒体信息，满足教学与管理要求，还能进行对外交流。本任务计划设置信息点 760 个，网络连接采用综合布线系统完成，施工集中在一个楼内（共 5 层），用户之间最大距离不超过 50m，这是一个典型的网络综合布线系统工程。

2.1.2 任务分析

专业技术人员应根据用户需求进行任务分析，以上面的信息学院 2 号楼（信息中心楼）综合布线为例，具体任务是把楼内主要设备的信息点连接到网管中心（一级节点），形成星形网络拓扑结构，它能够传输多媒体信息，满足教学与管理要求，还能进行对外交流；网络综合布线工程实施使用模块化的标准件和传输介质，层与层之间用光纤连接，同层内采用双绞线布线，设计等级为综合型；同时，网络系统应具有扩充和升级能力。

2.2 相关知识——综合布线系统设计

综合布线系统设计是指在现有的经济技术条件下，根据实际需求，按照国际和国内现行综合布线标准，对具体项目进行设计。为此，应学习相关知识。

2.2.1 综合布线系统设计概述

1. 系统设计原则

1）实用性

网络综合布线系统工程应从实际需要出发，必须坚持为用户服务的原则，必须满足用户需求。

2）先进性

应采用成熟的先进技术，兼顾未来的发展趋势，既量力而行，又适当超前，留有发展余地。

3）可靠性

必须确保网络可靠运行，网络的关键部分应具有容错能力。

4）安全性

应提供公共网络连接、内部网络连接、拨号入网、通信链路、服务器等全方位的安全管理系统。

5）开放性

应遵循国际标准，采用符合标准的设备，保证整个系统具有开放性，增强与异机种、异构网的互连能力。

6）可扩展性

系统应便于扩展，保证前期投资的有效性与后期投资的连续性。

2. 系统设计等级

按照国家标准 GB 50311—2016 的规定，综合布线系统设计可以划分为三个等级。

1）最低型

（1）基本配置。

① 每个工作区有 1 个信息插座。

② 每个信息插座的配线电缆为 1 条 4 对双绞线电缆。

③ 完全采用 110A 交叉连接硬件，并与未来的附加设备兼容。

④ 每个工作区的干线电缆至少有 2 对双绞线。

（2）主要特点。

① 能够支持所有语音和数据传输。

② 支持语音、综合型语音/数据高速传输。

③ 便于维护人员维护、管理。

④ 能够支持众多厂家的产品设备和特殊信息的传输。

2）基本型

（1）基本配置。

① 每个工作区有 2 个或 2 个以上信息插座。

② 每个信息插座的配线电缆为 1 条 4 对双绞线电缆。

③ 具有 110 A 交叉连接硬件。

④ 每个工作区的电缆至少有 8 对双绞线。

（2）主要特点。

① 每个工作区有 2 个信息插座，灵活方便、功能齐全。

② 任何一个插座都可以提供语音和高速数据传输。

③ 便于管理与维护。

④ 能够为众多厂商提供服务环境的布线方案。

3）综合型（将双绞线和光缆纳入建筑物布线系统）

（1）基本配置。

① 以基本型的信息插座量作为基础配置。

② 每个工作区的电缆内配有 4 对双绞线。

③ 建筑、建筑群干线或水平布线子系统中配置光缆，并考虑适当的备用量。

（2）主要特点。

① 每个工作区有 2 个以上信息插座，灵活方便、功能齐全。

② 任何一个信息插座都可提供语音、视频和高速数据传输。

③ 可为用户提供良好的服务环境。

④ 因为使用了光缆，所以可提供很高的带宽。

3. 系统设计流程

综合布线系统设计流程图如图 2-1 所示。

收集综合布线系统设计所需的基础资料

①收集建筑图纸和说明；②了解建筑物结构、层数、用途；③明确系统设计要求与标准

确定综合布线系统设计方案

①分析用户需求；②确定总体方案；③确定信息点分布方案；④绘制网络拓扑图

确定布线路由，进行系统各部分设计

①工作区子系统设计；②水平子系统设计； ③垂直子系统设计；④建筑群子系统设计；
⑤设备间子系统设计；⑥管理间子系统设计；⑦其他方面的设计

绘制施工图纸

①光纤路由图；②标准和其他层路由图；③设备、配线间布局图；④机柜配线架信息点分布图

确定工程量，编制预算

①列出材料清单；②确定工程量；③布线产品选型；④确定取费标准，编制预算

确定系统测试和验收方案、系统维护要求，编制工程文档

图 2-1 综合布线系统设计流程图

4. 系统网络拓扑结构

综合布线系统网络拓扑结构是网络连接路径的逻辑表示，星形网络拓扑结构是建筑群布线系统普遍采用的形式。通常以某个建筑群配线架（CD）为中心，以若干个建筑物配线架（BD）为中间层，再加上下层的楼层配线架（FD）和信息插座（TO），构成多级的星形网络拓扑结构，如图 2-2 所示。

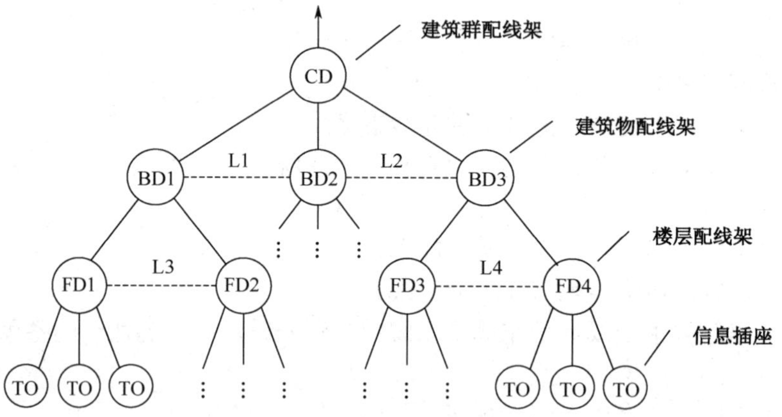

图 2-2 星形网络拓扑结构

2.2.2 综合布线系统设计内容

1. 用户需求分析

用户在实施综合布线系统工程项目前都有自己的设想，设计人员必须耐心地与用户沟通，认真、详细地了解工程项目的实施目标、要求，并整理存档。对于某些不清楚的地方，还应反复与用户沟通，一起分析、设计。建议设计人员根据以下要点进行用户需求分析。

（1）确定工程实施范围。

（2）确定系统类型。

（3）确定系统各类信息点接入要求。

（4）查看现场，了解建筑物布局。

2. 系统总体方案设计

系统总体方案设计是综合布线系统设计中极为关键的部分，直接决定了工程实施质量的优劣。系统总体方案设计主要包括系统设计目标、系统设计原则、系统设计依据、系统各类设备的选型及配置、系统总体结构、各个布线子系统工程技术方案等内容。在进行系统总体方案设计时，应根据工程具体情况进行灵活设计。例如，单个建筑物楼宇的综合布线系统设计就不应考虑建筑群子系统的设计；又如，有些低层建筑物信息点数量很少，考虑到系统性价比，可以将配线间与设备间整合在一起来设计。

3. 子系统设计

子系统设计是综合布线系统设计的核心内容，直接影响用户的使用效果。按照国内外综合布线系统的标准及规范，综合布线系统主要由 6 个子系统构成，即工作区子系统、水平子系统、管理间子系统、垂直子系统、设备间子系统、建筑群子系统。在对 6 个子系统进行设计时，应注意以下设计要点。

（1）工作区子系统要注意信息点数量和安装位置，以及模块、信息插座的选型和安装标准。

（2）水平子系统要注意线缆布设路由、线缆和管槽类型的选择，要确定具体的布线方案。

（3）管理间子系统要注意管理器件的选择、水平线缆和主干线缆的端接方式和安装位置。

（4）垂直子系统要注意主干线缆的选择、布线路由走向的确定、管槽铺设的方式。

（5）设备间子系统要注意建筑物设备间位置、设备装修标准、设备间环境要求、主干线缆的安装和管理方式。

（6）建筑群子系统要注意各建筑物之间线缆的路由走向、线缆规格选择、线缆布设方式、建筑物线缆入口位置等，还要考虑相应的防雷、接地和防火设备及技术施。

4. 其他方面的设计

其他方面的设计也是影响综合布线系统工程质量的重要因素，包括以下内容。

（1）交直流电源的设备选用和安装方法（包括计算机、传真机、网络交换机、用户电话交换机等设备的电源）。

（2）综合布线系统在遭受各种外界干扰源的影响（如各种电气装置、无线电干扰、高压电线及强噪声环境等）时应采取的防护和接地等技术措施。

（3）综合布线系统要求采用全屏蔽技术时，应选用屏蔽线缆及相应的屏蔽配线设备。

（4）在综合布线系统中，对建筑物设备间和楼层配线间进行设计时，应对其面积、门窗、内部装修、防尘、防火、电气照明、空调等方面进行明确的规定。

2.2.3 综合布线子系统设计

1. 工作区子系统设计

工作区（又称服务区）是指从终端设备（可以是电话机、计算机和数据终端，也可以是仪器仪表、传感器的探测器）到信息插座的整个区域，是工作人员利用终端设备进行工作的地方。

一个需要设置终端设备的独立区域可以划分为一个工作区，面积通常为 5～10m^2，在一个工作区内可设置一个数据点和一个语音点，也可以根据用户的需求来设置。

工作区可支持电话机、数据终端、微型计算机、电视机等终端设备的设置和安装。工作区子系统示意图如图 2-3 所示。

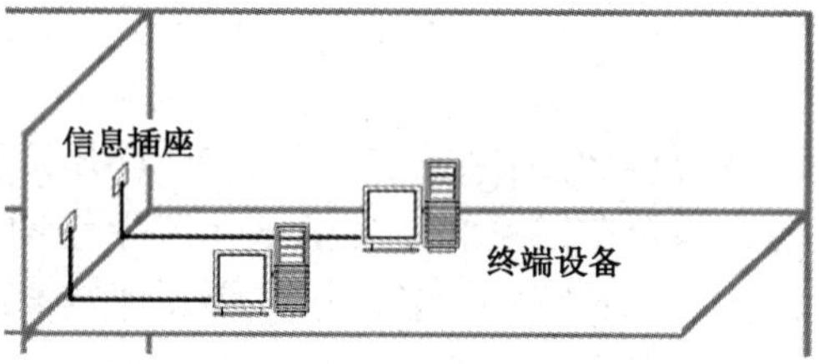

图 2-3 工作区子系统示意图

1）工作区子系统设计要点

（1）工作区内线槽的敷设要合理、美观。

（2）信息插座应设计在距离地面 30cm 以上的位置。

（3）信息插座与计算机之间的距离应保持在 5m 之内。

（4）网卡接口类型要与线缆接口类型保持一致。

（5）所有工作区所需的信息模块、信息插座、面板的数量要准确。

（6）应计算 RJ45 插头所需的数量，计算公式如下：

$$\text{RJ45 插头总量}=4\times\text{信息点总量}\times(1+15\%)$$

2）工作区子系统设计步骤

（1）根据楼层平面图计算每层布线面积。

（2）估算信息插座数量，一般设计两种平面图供用户选择：一种是基本型每 9m^2 一个信息插座的平面图；另一种是增强型或综合型每 9m^2 两个信息插座的平面图。

（3）确定信息插座的类型。

3）信息插座数量确定与配置

信息插座可分为嵌入式安装插座、表面安装插座、多介质信息插座三种类型。其中，嵌入式安装插座用来连接 5 类或超 5 类双绞线；多介质信息插座用来连接双绞线和光纤，以解决用户对光纤到桌面的需求。

（1）信息插座数量确定原则。

根据建筑平面图计算实际空间，依据空间大小和设计等级及用户具体要求计算信息插座数量。通常一个 5～10m^2 的工作区可设置两个信息插座：一个提供语音功能；另一个提供数据交换功能。

（2）信息插座的配置。

根据建筑物结构的不同可采用不同类型的信息插座，新建筑物一般采用嵌入式安装插座，已有的建筑物重新布线时多采用表面安装插座。每个工作区至少要配置一个插座盒；对于难以再增加插座盒的工作区，至少要安装两个分离的插座盒。

2. 水平子系统设计

水平子系统也称配线子系统，由工作区的信息插座、信息插座到楼层配线设备的水平电缆或光缆、楼层配线设备和跳线组成。

水平子系统中，由工作区的信息插座至管理间子系统的配线架总是处在同一楼层，并端接在信息插座或区域布线的中转点上，用于将工作区信息插座与楼层配线间的水平分配线架连接起来。水平子系统示意图如图 2-4 所示。

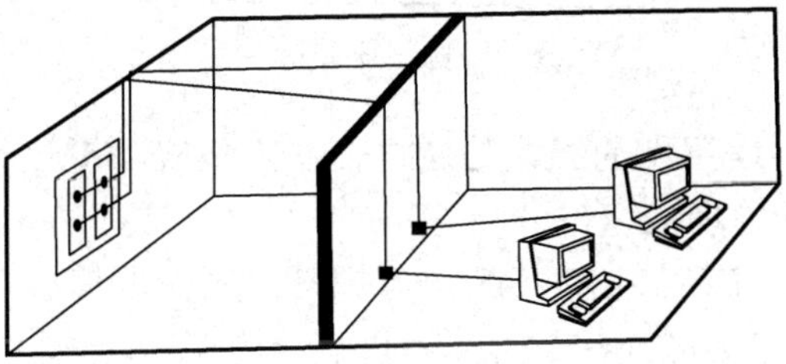

图 2-4 水平子系统示意图

1）水平子系统设计要点

（1）根据建筑物的结构、布局和用途，确定水平子系统布线方案。

（2）确定电缆的类型和长度，水平子系统通常为星形结构，一般使用双绞线布线，长度不超过 90m。

（3）布线必须走线槽或在天花板吊顶内布线，最好不走地面线槽。

（4）确定线路走向和路径，选择路径最短和施工最方便的方案。

（5）确定槽、管的数量和类型。

2）水平子系统线缆选择

（1）线缆选择必须与工程实际相结合。

（2）选用的产品应符合我国国情和有关技术标准（包括国际标准、我国国家标准和行业标准）。

（3）应遵循近期和远期相结合的原则。

（4）应遵循技术先进和经济合理相统一的原则。

3）水平子系统布线方案

水平子系统布线是将线缆从管理间子系统的配线间接到每一楼层工作区的信息插座上。设计者要根据建筑物的结构特点，从路线最短、造价最低、施工方便、布线规范等方面考虑，优选最佳方案。一般可采用以下三种方式。

（1）直接埋管方式。

（2）先走吊顶内线槽，再走支管到信息插座的方式。

（3）适合大开间及后打隔断的地面线槽方式。

其余方式通常是这三种方式的改良型和综合型。

3. 管理间子系统设计

管理间子系统由交连或互连的配线架、信息插座式配线架、相关跳线组成。管理间子系统为连接其他子系统提供了手段，主要连接垂直子系统和水平子系统，用来管理信息点（在信息点少的情况下可以多个楼层设一个），其主要设备是机柜、交换机和电源，管理间子系统示意图如图 2-5 所示。

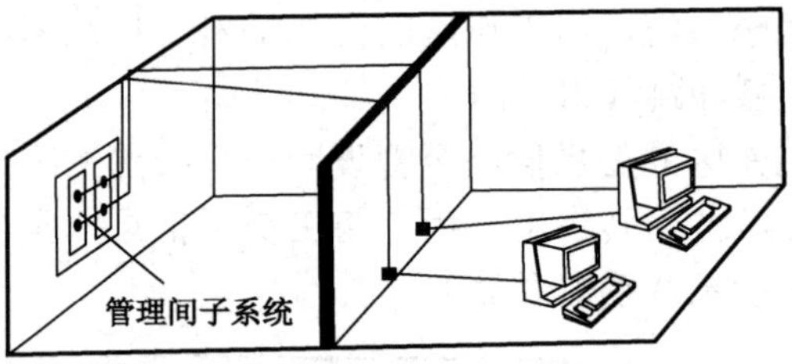

图 2-5　管理间子系统示意图

在管理间子系统中，信息点的线缆是通过信息点集线面板进行管理的，语音点的线缆是通过 110 交连硬件进行管理的。

信息点集线面板有 12 口、24 口、48 口等规格，应根据信息点的数量配备集线面板。

1）管理间子系统的连接形式

在不同类型的建筑物中，管理间子系统常采用单点管理单连接、单点管理双连接和双点管理双连接三种连接形式。

（1）单点管理单连接。

单点管理单连接示意图如图 2-6 所示。

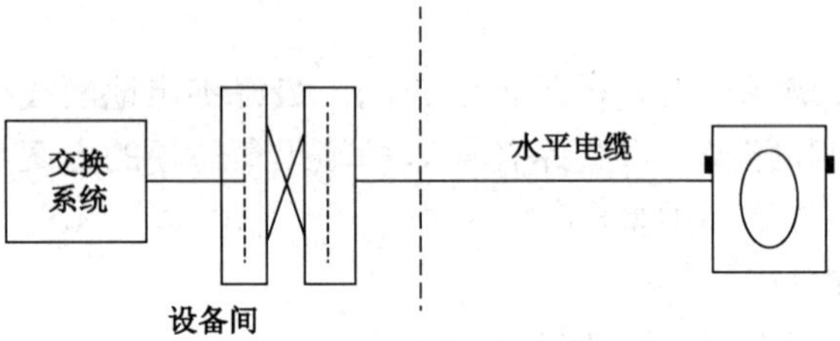

图 2-6　单点管理单连接示意图

（2）单点管理双连接。

单点管理双连接示意图如图 2-7 所示。

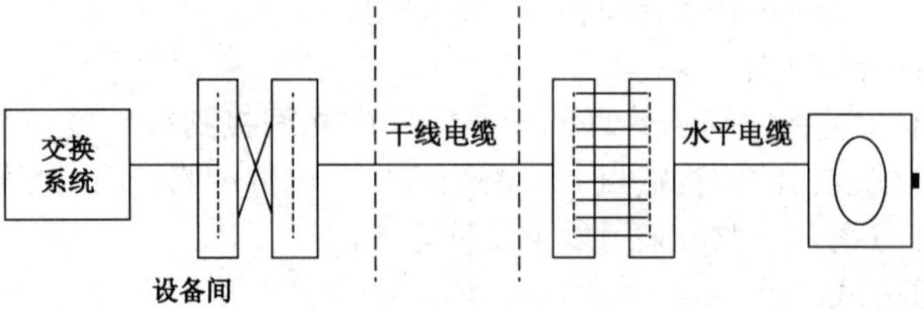

图 2-7　单点管理双连接示意图

（3）双点管理双连接。

双点管理双连接示意图如图 2-8 所示。

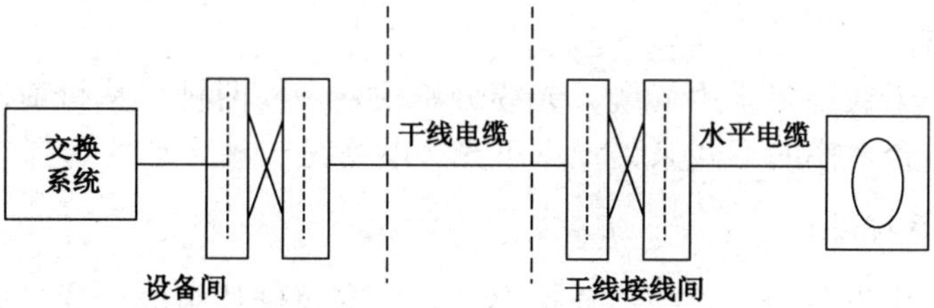

图 2-8 双点管理双连接示意图

2）管理间子系统的设计要点

（1）管理间子系统中的干线配线管理宜采用双点管理双连接。

（2）管理间子系统中的楼层配线管理应采用单点管理。

（3）配线架的结构取决于信息点的数量、综合布线系统网络性质和选用的硬件。

（4）端接线路模块化系数应合理。

（5）设备跳线连接方式应符合下列规定。

对配线架上相对稳定，不经常进行修改、移位或重组的线路，宜采用卡接式接线方式；对配线架上经常需要调整或重新组合的线路，宜采用快接式接线方式。

4. 垂直子系统设计

垂直子系统负责连接管理间子系统与设备间子系统，使用建筑物干线电缆连接，一般为光缆或大对数的非屏蔽双绞线电缆。垂直子系统由建筑物配线设备、跳线，以及设备间至各楼层管理间的干线电缆组成。垂直子系统示意图如图 2-9 所示。

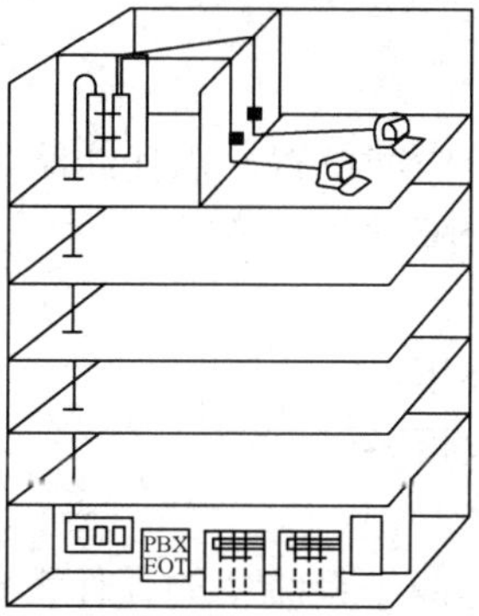

图 2-9 垂直子系统示意图

1）垂直子系统的设计要点

（1）确定每层的干线电缆要求，根据不同的要求和经济因素选择干线电缆类别。

（2）确定干线电缆路由，原则是最短、最安全、最经济。

（3）绘制干线电缆路由图。采用标准中规定的图形与符号绘制垂直子系统的干线电缆路由图，确定布线的方法。

（4）确定干线电缆长度。干线电缆的长度可用比例尺在图纸上量得，每段干线电缆的长度应包括备用部分（约 10%）和端接容差。

（5）布线要平直，走线槽，不要扭曲；两端点要标号；室外部分要加套管，严禁搭接在树干上；双绞线不要拐硬弯。

2）光缆的选择

垂直子系统主干线缆多采用光缆。光缆分单模、多模两种。从目前国内外应用的情况来看，采用单模结合多模的形式来铺设主干光纤网络是一种合理的选择。

5. 设备间子系统设计

设备间子系统由设备间的电缆、连接器和相关支撑硬件组成，通过电缆把各种公用系统设备相互连接起来。

设备间子系统是综合布线系统的关键部分，是外界引入（公用电信网或建筑群主干线缆）和楼内布线的交汇点，位置非常重要，通常放在楼宇的一、二层。设备间子系统示意图如图 2-10 所示。

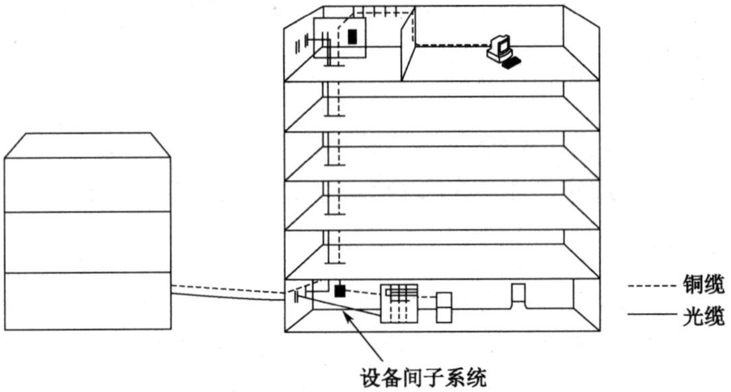

图 2-10 设备间子系统示意图

1）设备间子系统的设计要点

（1）设备间应尽量在建筑物的中间位置，以使线路最短。

（2）设备间要有足够的空间保障设备存放。

（3）设备间要按机房标准建设。

（4）设备间要有良好的工作环境。

（5）设备间要配置足够的防火设备。

2）设备间子系统中的硬件

设备间子系统中的硬件与管理间子系统中的硬件大致相同，主要有光缆、铜缆、跳线架、引线架、跳线等，只不过在规模上比管理间子系统大。

6. 建筑群子系统设计

规模较大的单位相邻建筑物较多，其中的语音、数据、图像和监控等系统可用传输介质和各种支持设备（硬件）连接在一起。连接各建筑物的线缆及相应设备组成建筑群子系统，也称楼宇管理间子系统。

建筑群子系统示意图如图 2-11 所示。

1）建筑群子系统的设计要点

（1）建筑群数据网主干线缆一般应选用多模或单模室外光缆。

（2）建筑群数据网主干线缆使用光缆与公用电信网连接时，应采用单模光缆，芯数应根据综合通信业务的需要确定。

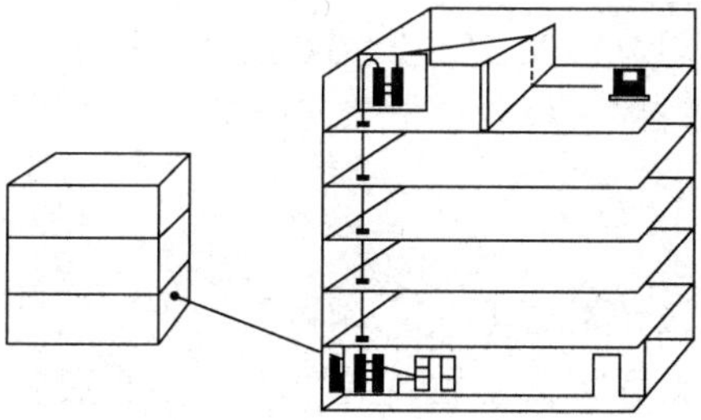

图 2-11　建筑群子系统示意图

（3）建筑群主干线缆宜采用地下管道方式进行敷设，设计时应预留备用管孔，以便扩充时使用。

（4）当采用直埋方式时，电缆通常埋在地面以下 60cm 的地方。

2）建筑群子系统中的电缆敷设方式

（1）架空电缆布线。

（2）直埋电缆布线。

（3）管道系统电缆布线。

（4）隧道内电缆布线。

2.2.4　综合布线工程绘图软件 Microsoft Visio

在设计综合布线系统的过程中必须根据实际情况完成施工图纸的绘制，绘制清晰、标准的施工图纸是综合布线工程设计的一项重要内容。以信息学院校园网综合布线工程为例，需要完成整体楼宇施工图纸的绘制，还要完成楼宇内具体部位的施工图纸绘制等。

施工图纸的绘制有多种方法，通过对目前市场上的各种绘图软件进行比较，编者发现 Microsoft Visio 是绘制施工图纸较理想的软件。该软件易学、易懂、易用，是一款非常适合综合布线工程设计人员使用的工具，因此有必要了解该软件的相关知识。

1. 概述

Microsoft Visio 是世界上最优秀的商业绘图软件之一，可以帮助用户创建业务流程图、软件流程图、数据库模型图和平面布置图等。因此，不论用户是行政或项目规划人员，还是网络设计师、网络管理者、软件工程师、工程设计人员、数据库开发人员，Microsoft Visio 都能在用户的工作中派上用场。

利用 Microsoft Visio 可以创建网络工程图、流程图、组织图、时间表、营销图和其他图表。Microsoft Visio 功能强大，能使图表创建更为简单、快捷。

作为 Microsoft Office 家族的成员，Microsoft Visio 拥有与 Microsoft Word 相似的操作界面，所以接触过 Microsoft Word 的人都不会觉得陌生。与 Microsoft Word 一样，Microsoft Visio 具有任务面板、个性化菜单、可定制的工具条及使用帮助，并且内置了自动更正功能、拼写检查器、键盘快捷方式。

1）安装和激活

安装和激活 Microsoft Visio 的过程既快速又简单。

安装前，要先在光盘盒上找到产品密钥。为避免安装冲突，应先关闭所有程序及防病毒软件，然后光盘插入驱动器进行安装。在大多数计算机上，安装程序会自动启动并引导用户完成整个安装过程。

安装步骤如下：

（1）输入产品密钥。

（2）单击“立即安装”按钮进行安装。如果需要更改安装路径、安装选项或用户信息等，可单击“自定义”按钮进行相关设置，再单击“立即安装”按钮进行安装。

（3）安装过程结束后，单击“关闭”按钮。

如果安装程序没有自动启动，可手动安装。

（1）将光盘插入驱动器。

（2）在“开始”菜单中选择“运行”命令。

（3）输入“drive:\setup”（用驱动器所用的盘符替换 drive）。

（4）单击“确定”按钮，安装程序就会启动并引导用户完成整个安装过程。

2）Microsoft Visio 集成环境

Microsoft Visio 拥有简单易用的集成环境，同时在操作方面沿袭了微软软件的一贯风格，即简单易用、用户友好性强，是完成综合布线设计图纸绘制的绝佳工具。与许多提供有限绘图功能的捆绑程序不同，Microsoft Visio 提供了一个专用的绘图环境，配有一整套范围广泛的模板和工具，如图 2-12 所示。利用它，可以轻松自如地创建各式各样的业务图表和技术图表。

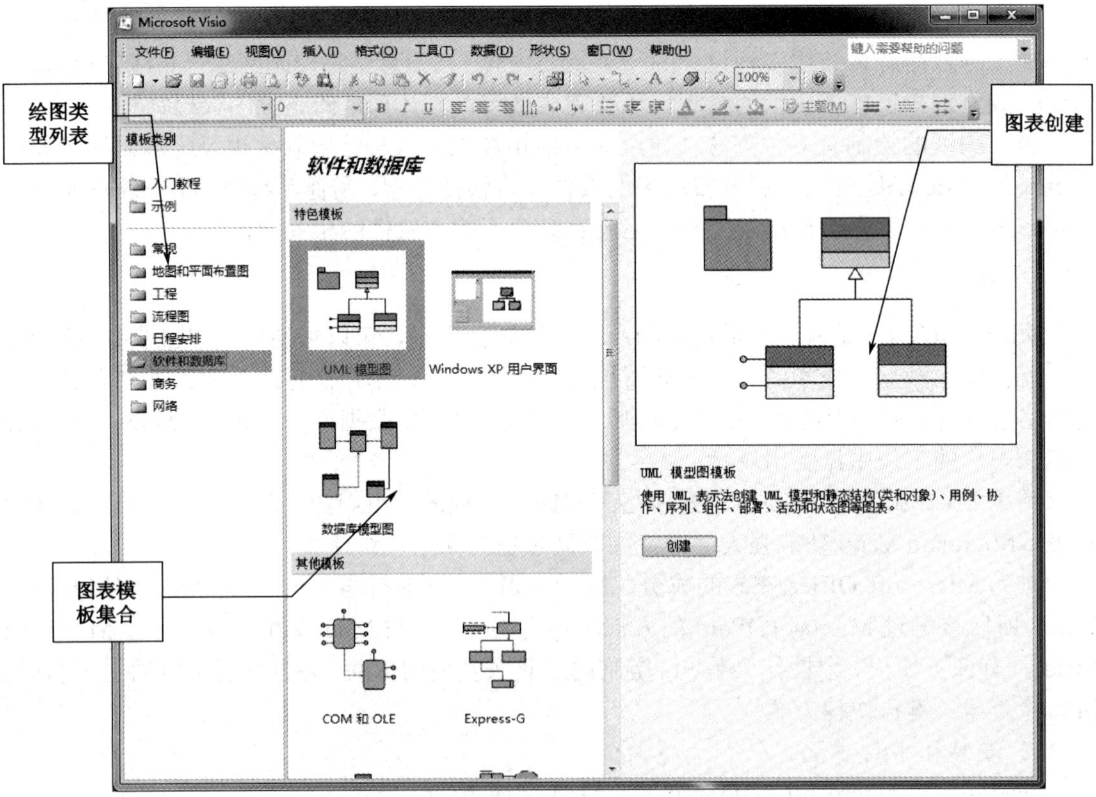

图 2-12 Microsoft Visio 集成环境

提示

Microsoft Visio 中包含图示库，提供了各种类型的图表示例，并说明了哪些用户可以使用它们，以及如何使用它们。要浏览这些图表示例，可选择“帮助”菜单中的“示例图表”命令。图 2-13～图 2-16 分别是一些图表示例。

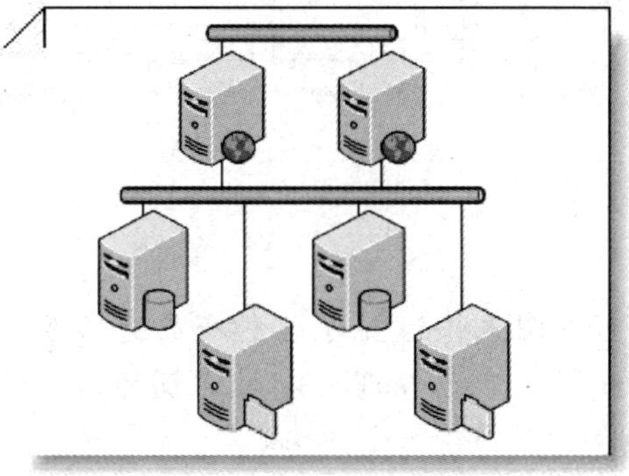

图 2-13　详细网络图

说明

网络经理可以创建详细网络图来显示网络的高级视图。IT 专业人员可以使用详细网络图来确定设备之间的连接方式。IT 工程师可以使用详细网络图来标识网络通信中的障碍或堵塞情况。

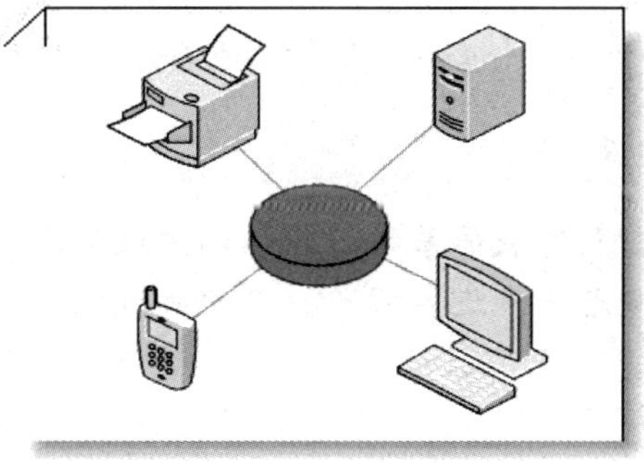

图 2-14　基本网络图

说明

后勤经理可以将基本网络图并入灾难恢复计划和公司资产的相关文档中。网络经理可以使用基本网络图来显示整个组织的设备分布情况。员工可以借助基本网络图查找打印机、复印机和其他设备。

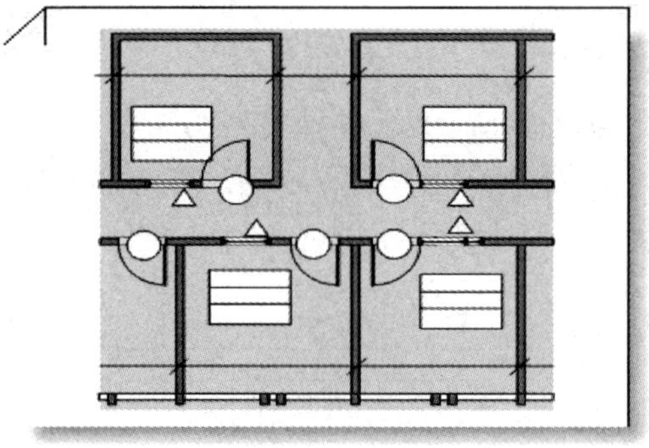

图 2-15　平面布置图

说明

建筑师可以使用平面布置图来快速显示各种布局选项。总承包商可以使用平面布置图来设定建筑物的最佳布线图。后勤经理可以对建筑师提交的平面布置图进行批注，再将其交回给建筑师审阅。

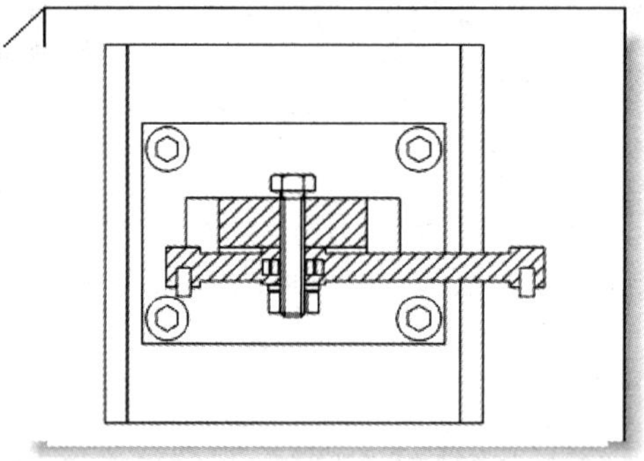

图 2-16　部件和组件绘图

说明

机械工程师可以利用图表对液压系统、流体动力设备和阀门进行说明。工程组可以分享设计概念，并对这些概念一一进行评价。工程师可以将二维机械工程图与三维设计方法结合使用。

2. 操作方法

Microsoft Visio 提供了一种直观的方式来进行图表绘制，不论是简单的流程图还是详细的技术图纸，都可以通过预定义的模板轻松地绘制出来。在任务窗格中，单击某个类型的某个模板，Microsoft Visio 即会自动生成一个新的绘图文档，文档窗口左边“形状”栏中会显示各种图表元素——SmartShapes 符号。

用户只要选择所需的 SmartShapes 符号，加上一定的连接线进行组合与排列，再加上引入的边框、背景和颜色方案，就可以完成图表的绘制。

Microsoft Visio 还提供了以下可以帮助用户更迅速、更巧妙地工作的任务窗格。

（1）“审阅”：使用 Microsoft Visio 中的“跟踪标记”功能可以轻松地实现绘图审阅。

（2）“剪贴画”：在计算机或 Microsoft Office Online 上搜索剪贴画，然后将剪贴画插入用户创建的图表中。

（3）“信息检索”：使用包含百科全书、字典和辞典的 Microsoft 信息咨询库在 Microsoft 网站上检索相关的主题。

（4）“文档管理”：该窗格有助于提高多人协同工作效率。

（5）“刷新冲突”：使用自动链接向导，通过将列值与现有形状数据进行比较来快速解决冲突。

在综合布线系统设计中，常用 Microsoft Visio 绘制网络拓扑图、布线系统拓扑图、信息点分布图等。图 2-17 为用 Microsoft Visio 绘制的楼层布线示意图。

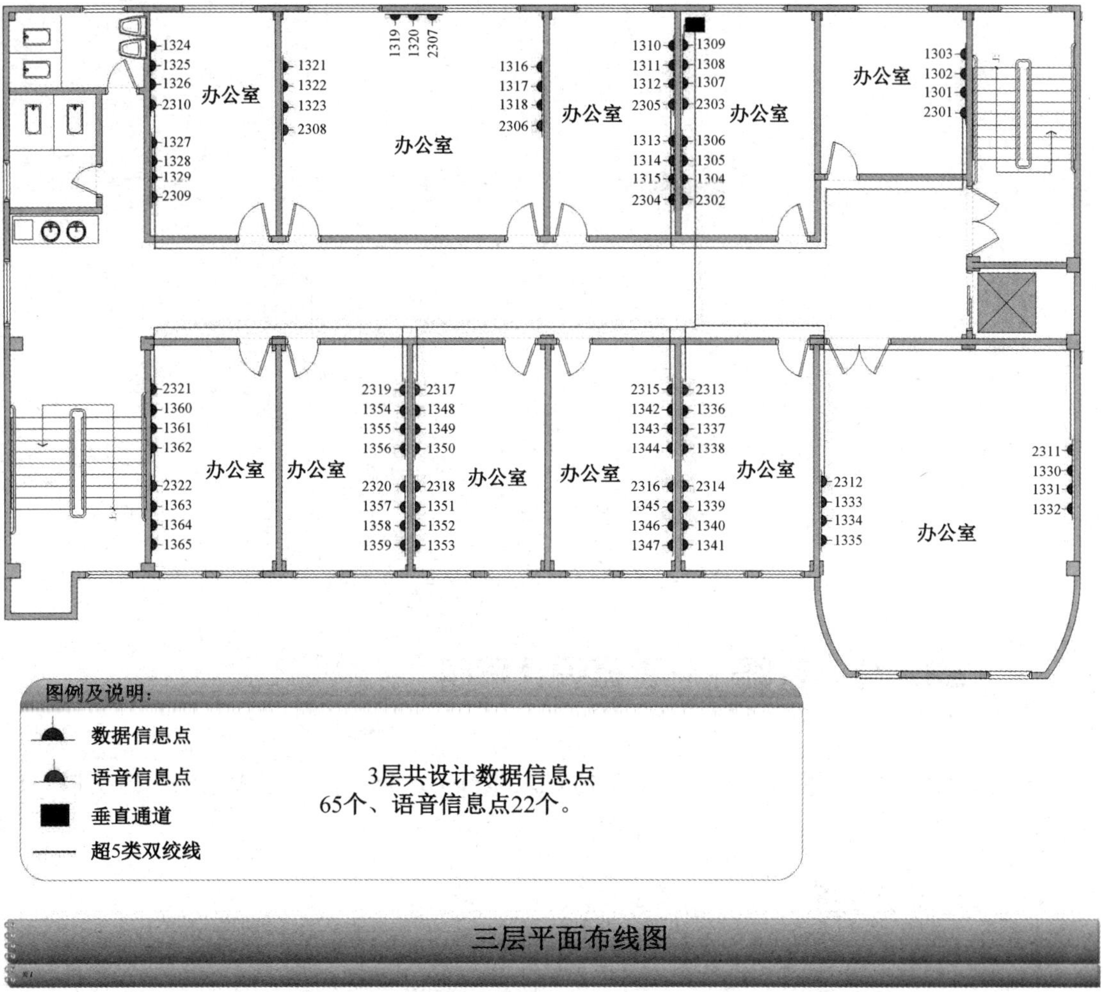

图 2-17　楼层布线示意图

2.2.5　利用 Microsoft Visio 绘制布线图

通过对绘图软件 Microsoft Visio 的学习，结合信息学院校园网综合布线系统工程任务分析，我们知道了如何根据工程任务利用 Microsoft Visio 绘制施工图纸。因本工程涉及图纸较多，无法一一列出，这里仅以信息学院 1 号楼与 2 号楼之间的光纤布线图为例予以说明，如图 2-18 所示。

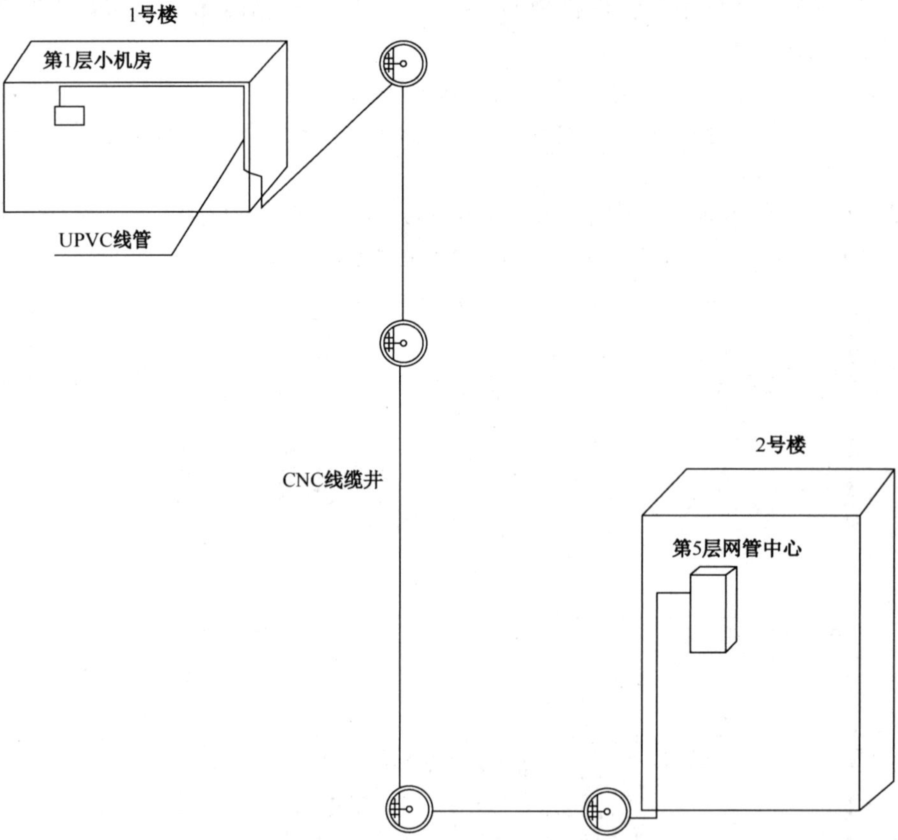

图 2-18　1 号楼与 2 号楼之间的光纤布线图

2.3　任务实施——工程设计案例

掌握了网络综合布线系统工程设计的方法与步骤后，结合具体工程案例，给出以下设计方案。

2.3.1　用户需求分析

根据用户单位环境布局（图 1-1）和实际需要，经过实地测量，计划在楼宇之间及 2 号楼各层之间采用光纤进行连接，其余楼内及其他节点处采用双绞线布线。其中，网管中心（2 号楼第 5 层）是整个校园网的中心，通过它能够连接整个校区，形成统一、高效、实用、安全的校园网。本工程的具体需求如下。

（1）系统为开放式结构，支持高速率数据传输，能传输多媒体、视频、音频信息。

（2）能够满足学院日常办公、对外交流、教学和教务管理需求。

（3）能够通过中国网通、中国电信和中国教育网访问 Internet。

（4）系统应具有可扩展性、开放性和灵活性。

根据用户单位提供的平面图，统计出 760 个信息点，分别分布于 1、2、3、4 号楼内。其中，1 号楼有信息点 100 个，2 号楼有信息点 200 个，3 号楼有信息点 160 个，4 号楼有信息点 300 个。

数据主干线缆选用光缆，语音主干线缆选用超 5 类大对数铜缆。整个布线系统选用星形拓扑结构，各信息点自插座至各楼层弱电竖井处上楼层配线架，最后通过数据或语音主干线缆统一连接至网管中心（2 号楼第 5 层），以便于集中管理。

2.3.2 布线系统设计依据

1. 设计标准

（1）IEEE 802.3。
（2）ANSI/TIA/EIA 568B。
（3）ANSI/TIA/EIA 569。
（4）ANSI/TIA/EIA 606。
（5）ISO/IEC 11801。
（6）EN 55022。
（7）《智能建筑设计标准》（GB 50314—2015）。
（8）《综合布线系统工程设计规范》（GB 50311—2016）。
（9）《计算机场地通用规范》（GB/T 2887—2011）。
（10）《计算机场地安全要求》（GB/T 9361—2011）。
（11）《建筑物防雷设计规范》（GB 50057—2010）。
（12）《电子设备雷击试验方法》（GB/T 3482—2008）。
（13）《大楼通信综合布线系统》（YD/T 926—2009）。
（14）《民用建筑电气设计规范》（JGJ 16—2008）。
（15）《建筑与建筑群综合布线系统工程设计规范》（CECS 72:97）。

2. 安装与验收规范

（1）《市内电话线路工程设计规范》（YDJ 8—1985）。
（2）《建筑与建筑群综合布线系统工程施工及验收规范》（CECS 89:97）。
（3）《电气装置安装工程施工及验收规范》（GBJ 232—1982）。
（4）《电信网光纤数字传输系统工程施工及验收暂行技术规定》（YDJ 44—1989）。
（5）《大楼通信综合布线系统 第 1 部分：总规范》（YD/T 926.1—2009）。
（6）《大楼通信综合布线系统 第 2 部分：电缆、光缆技术要求》（YD/T 926.2—2009）。
（7）《大楼通信综合布线系统 第 3 部分：连接硬件和接插软线技术要求》（YD/T 926.3—2009）。

3. 设计原则

（1）项目中采用的所有产品均符合国际标准 ANSI/TIA/EIA 568 及国内布线相关标准。
（2）水平和骨干系统采用星形拓扑结构，水平线缆长度最大不能超过 90m，如果考虑跳线、接插线和设备电缆，可再增加 10m，超过 10m 的长度应从水平配线系统的 90m 限额中减去。

（3）对于每个建筑物，所选择的光纤应满足业务和距离的要求。

（4）应采用符合布线标准的结构化设计，便于信息点的增加、扩展、变更、移动，易于系统维护管理。

（5）每个主配线终端和通信配线间的语音和数据终端应分开。

（6）每个工作站或工作区域应有两条 4 对专用水平线缆，分别用于语音和数据。

（7）电信配线间的位置设置应满足 90m 的最长水平配线要求。超出 90m 时，应采用多个配线间。

4. 布线要求

校园网主机房位于图书馆，通过光缆连接校内的其他建筑，在各建筑内部采用超 5 类线或 6 类线连接到设备间的配线架上。

2.3.3 系统组成

综合布线系统由工作区子系统、水平子系统、管理间子系统、垂直子系统、设备间子系统、建筑群子系统组成。

1. 工作区子系统设计

工作区子系统由终端设备到信息插座的连接线及信息插座所组成。工作区子系统中的各工作区采用高架地板布线方式，施工简单、管理方便、布线美观，并且可以随时扩充。首先在高架地板下安装布线管槽，然后将走廊地面或桥架中引入的线缆穿入管槽，连接至安装在地板上的信息插座即可。安装在墙壁上的信息插座应距离地面 30cm 以上，信息插座与终端设备之间的距离应保持在 5m 以内；每个工作区至少应配置一个 220V 交流电源插座，工作区的电源插座应选用带保护接地的单相电源插座，保护地线与零线应严格分开。终端网卡的接口要与线缆接口保持一致。所有工作区所需的信息模块为 783 个，信息插座为 787 个，面板为 1574 个。使用双绞线跳线时所需的 RJ45 插头为 3496 个。信息模块需求量计算公式为

$$m=n+n\times 3\%$$

式中，m 表示信息模块需求量；n 表示信息点的总量；$n\times 3\%$表示富余量。

RJ45 插头需求量计算公式为

$$m=n\times 4+n\times 4\times 15\%$$

式中，m 表示 RJ45 插头需求量；n 表示信息点的总量；$n\times 4\times 15\%$表示富余量。

（1）信息模块安装方法如下：

① 将双绞线按信息模块上标明的颜色对应插入信息模块内。

② 将上面板往下扣好，保证每条线都对应入槽。

③ 将信息模块扣上面板。

（2）插座面板选择标准如下：

使用标准双位插座面板，并具有防尘弹簧盖板，有单口、双口、斜角双口三种规格，

外形尺寸为 86mm×86mm，可配合底座明装盒或暗装盒使用。

2. 水平子系统设计

水平子系统主要实现信息插座和管理间子系统的连接，即中间配线架间的连接。水平子系统布线距离应不超过 90m，信息插座到终端设备的连接线应不超过 10m，RJ45 埋入式信息插座与其旁边的电源插座应保持 20cm 以上的距离，信息插座和电源插座的低边沿线应距地板水平面 30cm，水平双绞线从房间内的信息点引出并布到相应的配线机柜内。采用 PVC 线槽安装。预埋在墙体中间的最大管径为 50mm。楼板中暗管的最大管径为 25mm。直线布管每 30m 处设置过线盒装置，暗管的转弯角度大于 90°。在本例中，信息插座应安装在墙底面壁上，楼间连接选用多模光纤，从校园平面图可以大致算出实际距离，可以利用原有的部分管道，其余采用架空方式或重新铺设地下管道。水平电缆自插座（通常距地面 30cm）走墙内预埋管，至吊顶出房间汇聚到走廊水平线槽，最后至楼层配线间。走廊的吊顶上应装有金属线槽，进入房间时从线槽引出金属管，以埋入方式沿墙壁而下（或上）到各个信息点。

3. 管理间子系统设计

管理间子系统由交连、互连和输入/输出部分所组成，实现配线管理，为连接其他子系统提供手段。在本例中，将各楼层的信息点通过 PVC 管槽连至各楼层的配线机柜，机柜里放置超 5 类 24 口配线架，对各个信息点的接头进行跳线配置，再通过配线架与交换机相连。超 5 类 24 口配线架（由安装板和超 5 类 RJ45 插座模块组合而成）可安装在标准机架上，只占用 1U 空间，占用地方小，迁移方便。插座要求是标准的 RJ45 插座，端口性能达到超 5 类性能要求，屏蔽性能完全符合标准要求。数据主干光缆的端接采用 12 端口光纤分线盒。超 5 类系列跳线在设备间用于连接配线架和网络设备端口，在终端用于连接墙面插座和终端设备的计算机网络接口。

4. 垂直子系统设计

垂直子系统指提供建筑物主干电缆的路由，用以实现主配线架与中间配线架及计算机、PBX、控制中心与各管理间子系统间的连接。垂直子系统采用星形拓扑结构，所有通信都要经过中心节点，维护管理方便，易于重新配置。用户可以在楼层配线架上任意增加、去除、移动、互换某个或某些信息插座，这仅仅涉及它们所连接的终端设备，便于故障隔离与检测。垂直干线主干采用 8 芯多模光纤，其优点是光耦合率高，纤芯对准要求相对较宽松。当计算机数据传输距离超过 100m 时，用光纤作为主干是最佳选择，其传输距离可达 2km。布线时光缆要走线槽，在地下管道中穿过时要使用 PVC 管提供保护；在拐弯处，其曲率半径为 50cm；光缆的室外裸露部分要加铁管保护，铁管要固定牢靠，不要拉得太紧或太松，并要有一定的膨胀收缩余量；埋地走线时，要加铁管加以保护，以防止发生意外。

5. 设备间子系统设计

设备间子系统由设备间的电缆、连接器和相关支持硬件组成，用以把各种公用系统设备相互连接起来。本例中的设备间子系统涉及网络中心机房、办公教学楼、公共场所等。网络中心机房设备间的配线架、交换机安装在标准机柜中，光纤连接到机柜的光纤连接器上。办公教学楼及公共场所设备间配备标准机柜，柜中安装光纤连接器、配线架和交换机，通过水平干线系统线缆连接到相应网络机柜的配线架上，再经过跳线与交换机相连。设备间用电频率为50Hz，电压为380V/220V。为方便管理，将设备间隔成若干个小房间，隔断墙选用防火的铝合金或轻钢作为龙骨，安装10mm厚玻璃。

6. 建筑群子系统设计

建筑群子系统用于实现建筑之间的相互连接，提供建筑之间通信设施所需的硬件。在建筑群子系统中，通信线缆多采用62.5/125μm单模光纤，其最大传输距离为1km。在本例中，通过光缆使信息中心楼、教学楼、办公楼等相互连接，并集中于信息中心楼，采用暗埋深沟填铺的方式进行敷设。进入主设备间的所有光缆、电缆都采用金属桥架或钢管进行硬件保护，从而避免人员和设备遭受外部电压和电流的伤害。

2.3.4 工程实施内容

1. 布线设计

在完成布线工艺配置方案并得到甲方确认后，乙方需要与有关建筑设计部门合作完成建筑的管线设计或修正方案。

2. 布线施工与督导

在布线过程中，除具体施工外，乙方还要提供技术性指导，完成非技术性的工程管理、协调工作。

3. 线路测试

工程完工后，要选用布线产品厂家认定的专用仪器对系统进行导通、接续测试，并提供测试报告。

4. 系统联调

完成线路测试后，要选择若干站点对外部连接网络设备进行连通测试，并提供测试报告。

5. 工程验收

完成上述两项测试后，双方应签字确认工程验收完毕，并和布线产品厂家一起完善工程保障体系。

6. 文档

完成验收后，乙方应向甲方提供包括系统设计、方案配置、施工记录等在内的文档。

2.3.5 布线系统保护

综合布线电缆和相关连接硬件接地是提高应用系统可靠性、抑制噪声、保障安全的重要手段。因此，设计人员、施工人员在进行布线设计和施工前，应对所有设备，特别是应用系统设备的接地要求进行认真研究，弄清接地要求及各类地线之间的关系。如果接地系统处理不当，将会影响系统设备的稳定性，引起故障，甚至会烧毁系统设备，危害操作人员生命安全。综合布线系统机房和设备接地按作用不同可分为直流工作接地、交流工作接地、安全保护接地、防雷保护接地、防静电接地及屏蔽接地等。

1. 机房独立接地要求

根据《数据中心设计规范》(GB 50174—2017) 中对接地的要求：交流工作接地、安全保护接地、防雷保护接地的接地电阻应不大于 4Ω。本例中的接地电阻不大于 2Ω，以提高安全性和可靠性。机房设独立接地桩或接地网，要求接地桩距离大楼基础 15～20m。

2. 机房接地系统

机房接地系统是防止产生电容耦合干扰，保护设备和人员的安全，保证计算机系统稳定、可靠运行的重要措施。如果能将接地与屏蔽正确地结合起来，那么将获得更加经济、显著的抗干扰效果。为了确保计算机系统安全、稳定、可靠地运行，保护设备和人员的安全，应针对不同类型计算机的不同要求，设计出相应的接地系统。

3. 线路防护

进入建筑物的所有线路必须安装电涌保护器，低压配电线路应设计有三级保护。

2.3.6 网管中心布线

信息中心楼布线是本工程的关键任务，所有布线任务均以网管中心为核心来进行，因此有必要单独介绍网管中心布线，具体内容如下。

(1) 网管中心设在信息中心楼 501 房间。

(2) 管理间设在信息中心楼 101 房间（可以和设备间混用）。

(3) 设备间分别设在信息中心楼 201 房间、301 房间、401 房间。

(4) 网管中心与其他各楼层设备间的连接采用光缆作为主干线。

(5) 每层（假设每层信息点不超过 100 个）采用以超 5 类非屏蔽双绞线为主体的水平干线，布线结构为星形拓扑结构。

(6) 网管中心选用 1.9m 国产标准机柜，管理间使用 0.5m 国产标准机柜。

(7) 信息点分布表见表 2-1。

表 2-1 信息点分布表

楼 层	房 间 数	每个房间信息点数	信息点总数
第 1 层	9	4	36
第 2 层	12	6	72
第 3 层	10	6	60
第 4 层	15	4	60
第 5 层	12	4	48

图 2-19 是网管中心综合布线设计图。

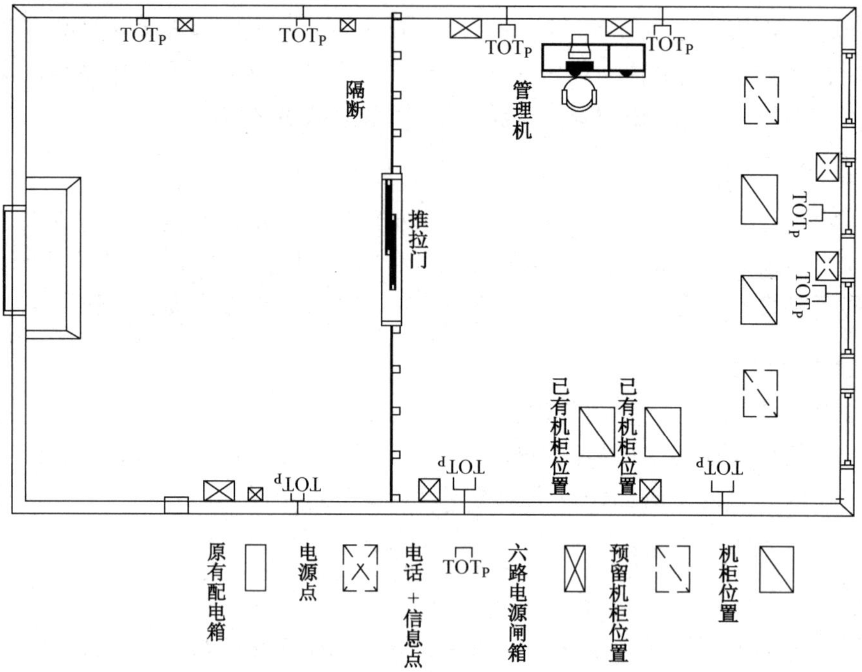

图 2-19 网管中心综合布线设计图

2.4 同步训练

2.4.1 思考与练习

（1）综合布线系统设计有几个等级？每个设计等级的基本配置是什么？

（2）综合布线系统设计原则是什么？主要内容是什么？流程有哪些？

（3）在工作区子系统中，如何确定信息插座的数量？

（4）在水平子系统中，线缆用量计算常使用什么方法？

（5）简要说明工程图纸绘制要点。

2.4.2 实训

1. 实训题目

办公楼网络综合布线系统工程设计。

2. 实训目的

根据办公楼的实际情况，明确综合布线系统的设计原则、设计等级，熟悉各子系统的设计要求，完成设计方案，掌握综合布线系统的基本设计方法。

3. 实训内容

勘察办公楼实际现场，确定各子系统的位置，完成各子系统的设计。

4. 实训方法

（1）了解办公楼的规模、层数、结构和任务需求。
（2）确定信息种类和信息点数量。
（3）确定设备间和管理间的位置。
（4）确定设计范围、目标和标准。
（5）确定设计方案（包括工作区子系统、水平子系统、垂直子系统等的设计）。

5. 实训总结

（1）根据综合布线系统的设计步骤、设计原则和设计内容，写出设计报告，要求文字简练、通俗易懂，并利用 Microsoft Visio 画出布线图。
（2）按照附录所给实训报告样表写出报告。

模块 3

传输介质与布线组件

学习目标

【知识目标】

- ◆ 掌握双绞线、同轴电缆及光纤的组成、特点、性能及分类。
- ◆ 掌握双绞线、同轴电缆及光纤的选择方法。
- ◆ 了解无线传输介质的特性。
- ◆ 掌握各种布线组件的名称和功能。
- ◆ 熟悉各种布线组件的分类及特点。

【能力目标】

- ◆ 能够为真实的综合布线系统选择合适的传输介质。
- ◆ 能够为真实的综合布线系统选择合适的布线组件。

综合布线系统主要解决的是网络中信号传输的问题，而承担信号传输任务的就是传输介质，它分为有线和无线两种。在一个网络综合布线工程中，首要问题就是确定合适的传输介质。

3.1　任务 1　选择传输介质

3.1.1　任务引入

综合布线系统中各种应用设备的连接都是通过传输介质和相关硬件来完成的，不同需求、不同环境对传输介质的要求不同。综合布线系统中传输介质选择正确与否、质量好坏，对网络布线的质量和网络传输速率都有很大的影响，直接关系到布线系统的可靠性和稳定性。因此，充分了解不同传输介质的特性，对于使用线缆来设计网络布线方案有着很重要的意义。本任务要求根据信息学院信息中心楼网络布线系统项目的要求，选择合适的传输介质。具体任务如下：

（1）为校园内各楼之间选择合适的传输介质。

（2）为信息中心楼各层之间选择合适的传输介质，并接入 Internet。

（3）为信息中心楼各层及房间选择合适的传输介质。

3.1.2 任务分析

根据前面提出的具体任务，以及目前市场上传输介质的应用情况，通过对比分析，得出以下结论：校园内各楼之间选用光纤作为主干网的传输介质；信息中心楼各层之间为一个垂直子系统，对网络性能要求较高，而且要求接入 Internet，适合选用光纤作为传输介质；信息中心楼各层为一个水平子系统，信息流量较大，适合选用光纤作为传输介质；对于每层的房间，由于涉及的范围相对较小，适合选用 5 类非屏蔽双绞线作为传输介质。

本任务涉及传输介质的性能及适用范围，下面将对传输介质的相关知识进行讲解。

3.2 相关知识——传输介质

网络传输介质是在网络中传输信息的媒介，常用的传输介质分为有线传输介质和无线传输介质两大类。有线传输介质主要包括双绞线、同轴电缆和光纤三种，无线传输介质主要包括无线电波、微波、红外线和激光等。

3.2.1 同轴电缆

1. 组成及分类

同轴电缆（Coaxial Cable）由一对导体以同轴的形式构成，如图 3-1 所示。一般同轴电缆共有 4 层，最里层是由铜质导线组成的内芯，外包一层绝缘材料，这层绝缘材料外面环绕一层密织的网状屏蔽层，用来将电磁干扰屏蔽在电缆之外，最外面是起保护作用的塑料外套。单根同轴电缆的直径为 1.02～2.54cm。与双绞线相比，同轴电缆的屏蔽性能更好，因此传输距离更远。

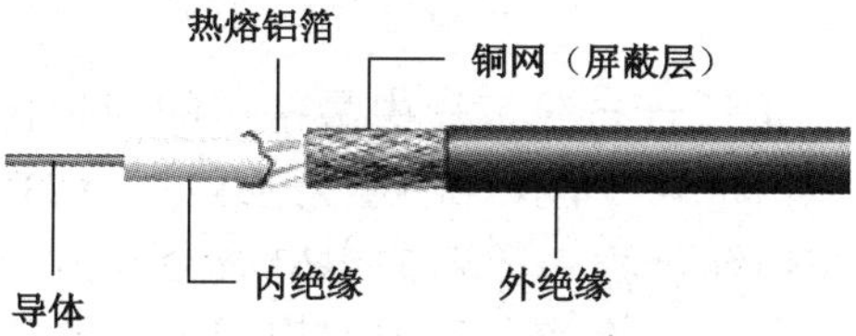

图 3-1 同轴电缆

常用的同轴电缆分为两种：一种是 50Ω 电缆，用于数字传输，由于多用于基带传输，因此也称基带同轴电缆；另一种是 75Ω 电缆，用于模拟传输，也称宽带同轴电缆。

1）基带同轴电缆

基带同轴电缆的特点是阻抗特性均匀，具有极好的电磁干扰屏蔽性能，在传输过程中信号占用整个信道，因而数字信号可以直接加载到电缆上。基带同轴电缆最高传输速率为10Mb/s，最大传输距离一般为几千米。

2）宽带同轴电缆

宽带同轴电缆用于传输不同频率的模拟信号，有线电视网使用的就是宽带同轴电缆。宽带同轴电缆的传输性能比基带同轴电缆好，但为了在模拟网上传输数字信号，要在接口处安装一个信号处理设备（如调制解调器）将进入网络的比特流转换为模拟信号，并将网络输出的模拟信号再转换成比特流。

2. 主要参数

1）主要电气参数

（1）同轴电缆的特性阻抗。

同轴电缆的平均特性阻抗为（50±2）Ω，沿单根同轴电缆的阻抗的周期性变化为正弦波，中心平均值为±3Ω，其长度小于2m。

（2）同轴电缆的衰减。

同轴电缆的衰减一般指500m长的电缆段的衰减。当用10MHz的正弦波进行测量时，其值不超过8.5dB（17dB/km）；而用5MHz的正弦波进行测量时，其值不超过6.0dB（12dB/km）。

（3）同轴电缆的传播速度。

同轴电缆的最低传播速度为0.77*C*（*C*为光速）。

（4）同轴电缆直流回路电阻。

同轴电缆中心导体的电阻与屏蔽层的电阻之和不超过10mΩ/m。

2）主要物理参数

同轴电缆具有足够的柔性，能支持254mm的弯曲半径。中心导体是直径为（2.17±0.013）mm的实芯铜线；绝缘材料必须满足同轴电缆电气参数要求；屏蔽层由满足传输阻抗和ECM规范说明的金属带或薄片组成，屏蔽层的内径为6.15mm，外径为8.28mm；外部隔离材料一般选用PVC材料。

3.2.2 双绞线

1. 组成及分类

双绞线（Twisted Pair）是综合布线工程中最常用的一种传输介质。双绞线由两根具有绝缘保护层的铜线组成，如图3-2所示。把两根绝缘的铜线按一定密度互相绞在一起可降低信号干扰，一根铜线在传输过程中辐射的电磁波会被另一根铜线上发出的电磁波抵消。把一对或多对双绞线放在一个绝缘套管中便构成了双绞线电缆。与其他传输介质相比，双绞线在传输距离、信道宽度和数据传输速率等方面均受到一定限制，但价格较为低廉。

虽然双绞线主要是用来传输模拟信号的，但其同样适用于数字信号的传输，特别适用于较短距离的信号传输，在传输过程中，信号的衰减比较大，并且容易产生波形畸变。采用双绞线的局域网的带宽取决于所用导线的质量、长度及传输技术。只要精心选择和安装双绞线，就可以在有限距离内达到每秒几兆比特的可靠传输速率。当距离很短，并且采用特殊的电子传输技术时，传输速率可达 100～155Mb/s。由于利用双绞线传输信息时会向周围辐射电磁波，信息很容易被窃听，因此要花费额外的代价加以屏蔽。目前，双绞线可分为屏蔽双绞线（Shielded Twisted Pair，STP）和非屏蔽双绞线（Unshielded Twisted Pair，UTP）。

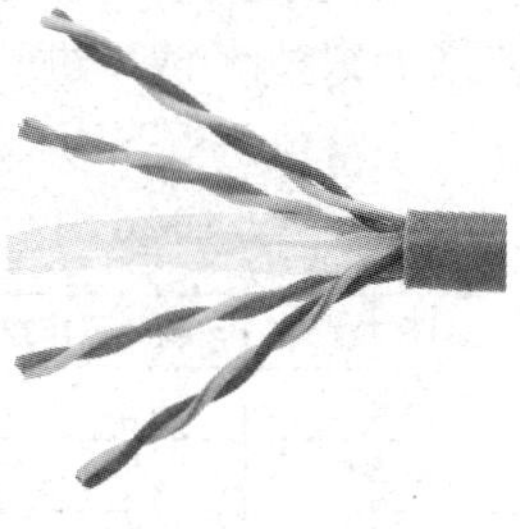

图 3-2　双绞线

1）屏蔽双绞线

如图 3-3 所示，STP 的外层由铝箔包裹以减小辐射，但并不能完全消除辐射。但它有较高的传输速率，100m 内可达到 155Mb/s。屏蔽双绞线价格相对较高，安装时要比非屏蔽双绞线困难，类似于同轴电缆，它必须配有支持屏蔽功能的特殊连接器和相应的安装技术。所以，除非有特殊要求，通常在综合布线系统中只采用非屏蔽双绞线。

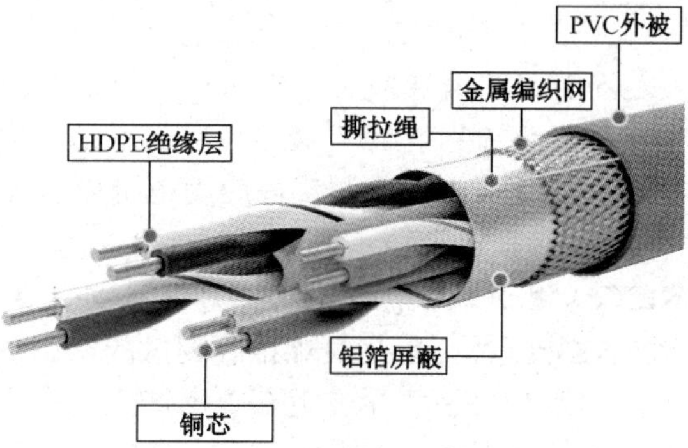

图 3-3　屏蔽双绞线

2）非屏蔽双绞线

如图 3-4 所示，UTP 对电磁干扰的敏感度较高，而且绝缘性不是很好，信号衰减较快，与其他传输介质相比，在传输距离、带宽和数据传输速率方面均有一定的限制。它的优点是直径小、质量轻、易弯曲、价格便宜、易于安装，具有独立性和灵活性，适用于综合布线，所以被广泛用于传输模拟信号的电话系统。

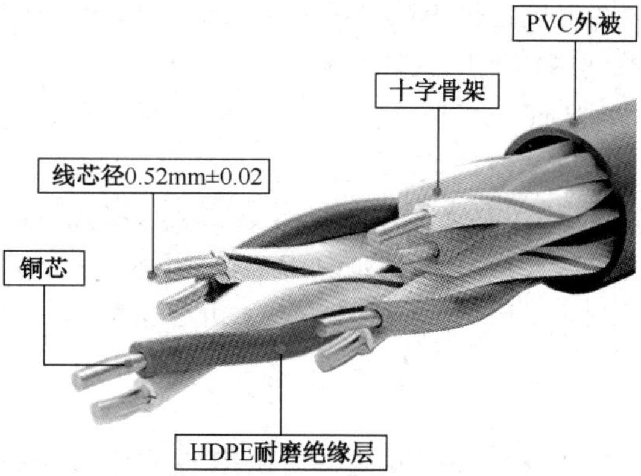

图 3-4　非屏蔽双绞线

双绞线按电气性能可划分为3类、4类、5类、超5类、6类、7类双绞线等类型，数字越大则技术越先进，带宽也越大。3类、4类双绞线目前在市场上几乎没有了，在一般局域网中常见的是5类、超5类或者6类非屏蔽双绞线。UTP的主要性能参数见表3-1。

表3-1 UTP的主要性能参数

UTP类别	最高工作频率（MHz）	最高数据传输速率（Mb/s）	主要用途
3类	16	10	10BASE-T网络
4类	20	16	10BASE-T网络
5类	100	100	10BASE-T和100BASE-T网络
超5类	100	155	10BASE-T、100BASE-T和1000Mb/s网络
6类	250	250	1000Mb/s以太网

2. 性能指标

对于双绞线，用户最关心的是表征其性能的几个指标，包括衰减、近端串扰、特性阻抗、衰减串扰比、直流电阻等。

1）衰减

衰减（Attenuation）是沿链路的信号损失度量。衰减与电缆长度有关，随着电缆长度的增加，信号衰减也不断增加。衰减用“dB”做单位，表示源端信号强度与接收端信号强度的比率。由于衰减随频率而变化，因此应测量在应用范围内全部频率上的衰减。

2）近端串扰

串扰分近端串扰（NEXT）和远端串扰（FEXT），测试仪主要测量NEXT。对于UTP链路，NEXT是一个关键的性能指标，也是最难精确测量的一个指标。随着信号频率的增大，其测量难度也会增大。NEXT并不表示在近端点所产生的串扰，而是表示在近端点所测量到的串扰。其值会随电缆长度而变，电缆越长，其值越小。实验证明，只有在40m内测量得到的NEXT才是较真实的。因此，最好在链路两端都进行NEXT测量。现在的测试仪通常在链路一端就能测量出两端的NEXT。

3）直流电阻

直流电阻是指一对导线电阻的和，11801规格的双绞线的直流电阻不得大于19.2Ω。每对间的差异不能太大（小于0.1Ω），否则表示存在接触不良，必须检查连接点。

4）特性阻抗

与直流电阻不同，特性阻抗包括电阻及频率为1～100MHz的电感阻抗和电容阻抗，它与一对导线之间的距离及绝缘体的电气性能有关。不同电缆有不同的特性阻抗，双绞线电缆有100Ω、120Ω及150Ω几种。

5）衰减串扰比

在某些频率范围内，串扰与衰减量的比例关系是反映电缆性能的一个重要参数。衰减串扰比（ACR）有时也以信噪比（Signal-Noise Ratio，SNR）表示，它是根据最差的衰减量与NEXT测量值的差值来计算的。ACR较大，表示抗干扰能力较强。一般系统要求至少为10dB。

6）电缆特性

通信信道的品质是由它的电缆特性决定的。SNR是在考虑干扰信号的情况下，对数据信号强度的度量。如果SNR过低，将导致接收器不能分辨数据信号和噪声信号，最终引起数据错误。因此，为了将数据错误限制在一定范围内，必须定义一个最小的可接收的 SNR。

3. 常用的双绞线电缆

1）5 类 4 对非屏蔽双绞线电缆

（1）采用 24 芯的实芯裸铜导体，以氟化乙烯做绝缘材料，传输频率达 100MHz。导线色彩编码见表 3-2。

表 3-2 导线色彩编码

线　对	色 彩 编 码
1	白/蓝//蓝
2	白/橙//橙
3	白/绿//绿
4	白/棕//棕

（2）电气特性见表 3-3。其中，“9.38Ω MAX.Per 100m@20℃”是指在 20℃恒定温度下，每 100m 双绞线的电阻为 9.38Ω。

表 3-3 5 类 4 对非屏蔽双绞线电缆的电气特性

频率需求（Hz）	阻　抗	衰减值（dH/100）Max	NEXT（dB）（最差对）	直 流 阻 抗
256k	—	1.1	—	9.38Ω MAX.Per 100m@20℃
512k	—	1.5	—	
772k	—	1.8	66	
1M	85～115Ω	2.1	64	
4M		4.3	55	
10M		6.6	49	
16M		8.2	46	
20M		9.2	44	
31.25M		11.8	42	
62.50M		17.1	37	
100M		22.0	34	

2）5 类 4 对 24AWG 100Ω 屏蔽电缆

（1）采用 24 芯的裸铜导体，以氟化乙烯做绝缘材料，内有一 24AWG TPG 漏电线。传输频率达 100MHz，导线色彩编码见表 3-4。其中，“0.002[0.051]铝/聚酯带最小交叠@20℃及一根 24AWG TPG 漏电线”是指在 20℃恒定温度下，屏蔽层厚度为 0.002cm 或 0.051in。

表 3-4 导线色彩编码

线　对	色 彩 编 码	屏　蔽
1	白/蓝//蓝	0.002[0.051] 铝 / 聚酯带最小交叠@20℃及一根 24AWG TPG 漏电线
2	白/橙//橙	
3	白/绿//绿	
4	白/棕//棕	

（2）电气特性见表 3-5。

表 3-5　5 类 4 对 24AWG 100Ω 屏蔽电缆的电气特性

频率需求（Hz）	阻　抗	衰减值（dH/100）Max	NEXT（dB）（最差对）	直流阻抗
256k	—	1.1	—	9.38Ω MAX.Per 100m@20℃
512k	—	1.5	—	
772k	—	1.8	66	
1M	85～115Ω	2.1	64	
4M		4.3	55	
10M		6.6	49	
16M		8.2	46	
20M		9.2	44	
31.25M		11.8	42	
62.50M		17.1	37	
100M		22.0	34	

3）5 类 4 对 24AWG 非屏蔽软线

（1）它由 4 对线组成，用于高速数据传输，适用于扩展传输距离，主要应用于互连或作为跳线，传输频率达 100MHz。导线色彩编码见表 3-6。

表 3-6　导线色彩编码

线　对	色彩编码
1	白/蓝//蓝
2	白/橙//橙
3	白/绿//绿
4	白/棕//棕

（2）电气特性见表 3-7。

表 3-7　5 类 4 对 24AWG 非屏蔽软线的电气特性

频率需求（Hz）	阻　抗	衰减值（dH/100）Max	NEXT（dB）（最差对）	直流阻抗
256k	—	—	—	8.8Ω MAX.Per 100m@20℃
512k	—	—	—	
772k	—	2.0	66	
1M	85～115Ω	2.3	64	
4M		5.3	55	
10M		8.2	49	
16M		10.5	46	
20M		11.8	44	
31.25M		15.4	42	
62.50M		22.3	37	
100M		28.9	34	

4. 超 5 类布线系统

超 5 类布线系统是一个非屏蔽双绞线布线系统，相关测试表明，其性能超过 ANSI/TIA/EIA 568 标准对 5 类布线系统的要求。与普通的 5 类 UTP 相比，超 5 类 UTP 衰减更小、串扰更少，同时具有更高的衰减串扰比和信噪比、更小的时延误差，性能得到了显著提高。超 5 类布线系统具有以下四大优点。

（1）提供了坚实的网络基础，可以方便地转移设备、更新网络技术。

（2）能够满足大多数应用的要求，并且满足低偏差和低串扰总和的要求。

（3）它被认为是为未来的网络应用所提供的解决方案。

（4）有充足的性能余量，给安装和测试带来了方便。

与 5 类布线系统相比，超 5 类布线系统在近端串扰、串扰总和、衰减和信噪比 4 个主要指标上都有较大的改进。NEXT 是评估系统性能最重要的指标之一。NEXT 的单位是 dB，它表示的是传输信号与串扰信号之间的比值。

串扰总和是多个传输端产生的 NEXT 的总和。在如果一个布线系统能够满足 5 类线在 Power Sum 下的 NEXT 要求，那么就能处理从应用共享到高速 LAN 应用的任何问题。超 5 类布线系统的 NEXT 只有 5 类布线系统标准要求的 1/8。

信噪比是衡量线缆阻抗一致性的指标。在数据传输中，部分信号由于阻抗的变化引起反射，从而形成噪声。反射的能量越少，意味着传输信号越完整，线缆上的噪声越小。与 5 类布线系统相比，超 5 类布线系统在 100MHz 频率下运行时，可为用户提供 8dB 近端串扰余量，用户设备受到的干扰只有 5 类布线系统标准的 1/4，使系统具有更强的独立性和可靠性。

3.2.3 光纤

1. 组成及分类

光纤是光导纤维的简称，它是目前发展和应用最为迅速的信息传输介质。光纤与同轴电缆相似，只是没有网状屏蔽层，其中心是传播光束的玻璃芯——由纯净的石英玻璃经特殊工艺拉制成的粗细均匀的玻璃丝组成；它质地脆，易断裂。在多模光纤中，纤芯的直径是 15～50μm，与头发的粗细相当；而单模光纤的纤芯直径为 8～10μm。在玻璃芯的外面包裹一层折射率较低的玻璃封套，再外面是一层薄的塑料外套，用来保护光纤。光纤通常被扎成束，外面有外壳保护。光纤的结构如图 3-5 所示。

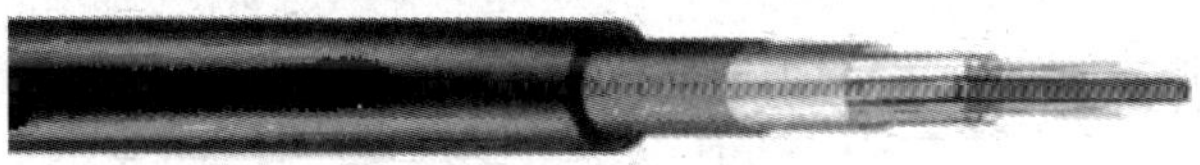

图 3-5　光纤的结构

光纤主要分为以下两大类。

1）传输点模数类光纤

传输点模数类光纤分为单模光纤（Single Mode Fiber）和多模光纤（Multi Mode Fiber），如图 3-6、图 3-7 所示。

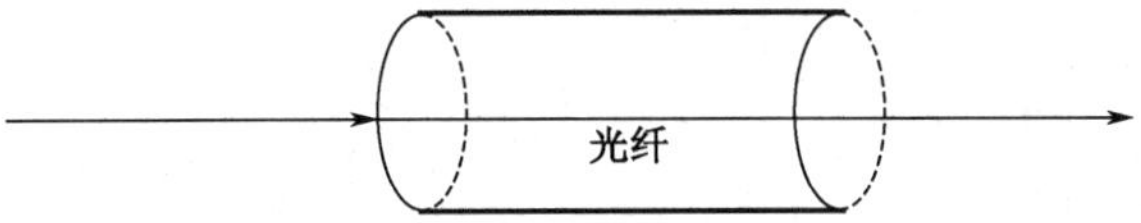

图 3-6　单模光纤

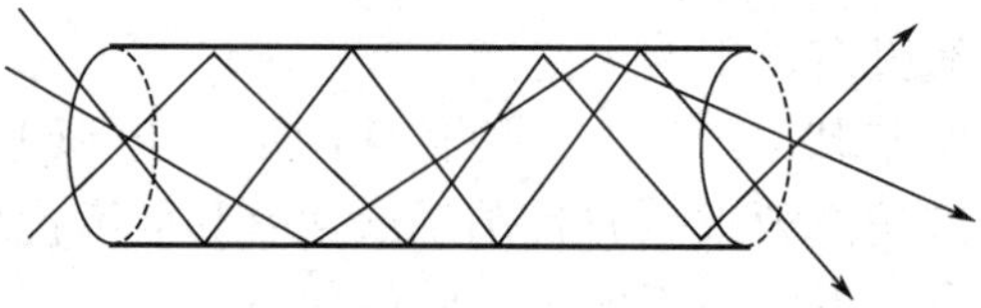

图 3-7 多模光纤

单模光纤的纤芯直径很小，中心玻璃芯的芯径一般为 9μm 或 10μm，只能传输一种模式的光信号，即在给定的工作波长上只能以单一模式传输光信号，传输频带宽，传输容量大，适用于远程通信。单模光纤对光源的谱宽和稳定性有较高的要求，即谱宽要窄，稳定性要好。

多模光纤的中心玻璃芯较粗，芯径一般为 50μm 或 62.5μm，可传输多种模式的光信号，即在给定的工作波长上能以多个模式同时传输光信号。与单模光纤相比，多模光纤的传输性能较差，传输距离比较小，一般只有几千米。

2）折射率分布类光纤

折射率分布类光纤分为跳变式光纤和渐变式光纤两种。

跳变式光纤纤芯的折射率和保护层的折射率都是一个常数，在纤芯与保护层的交界处折射率呈阶梯形变化。其成本低，模间色散高，适用于短距离低速通信。由于单模光纤模间色散很小，所以单模光纤都采用跳变式。

渐变式光纤纤芯的折射率随着半径的增大按一定规律减小，在纤芯与保护层的交界处减小为保护层的折射率。纤芯折射率的变化近似于抛物线，这能减少模间色散、提高光纤带宽、增加传输距离，但成本较高，现在的多模光纤多为渐变式光纤。

折射率分布类光纤光束传输示意图如图 3-8、图 3-9 所示。

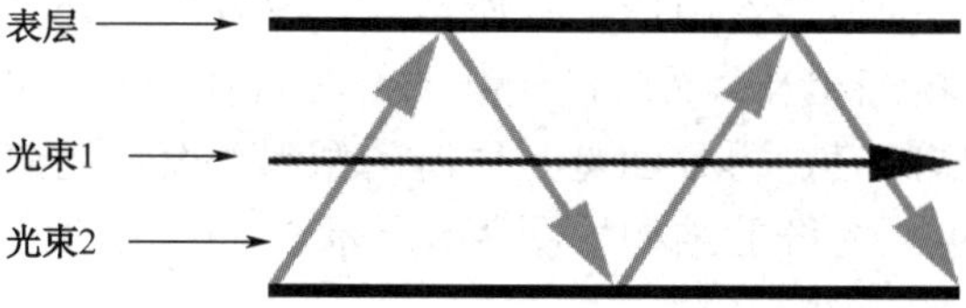

图 3-8 跳变式光纤光束传输示意图

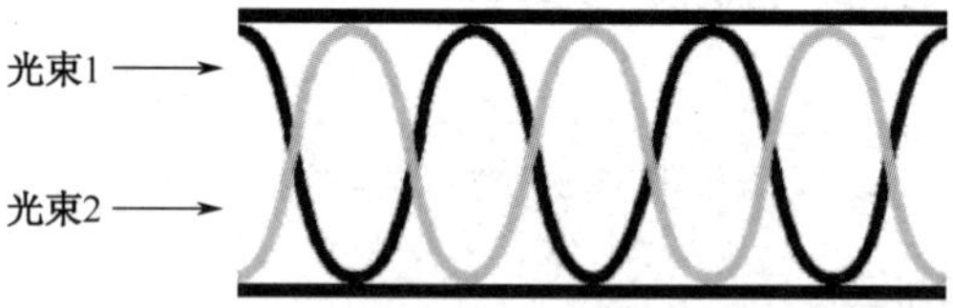

图 3-9 渐变式光纤光束传输示意图

光纤的类型由模材料（玻璃或塑料纤维）及纤芯和外层尺寸决定，纤芯的尺寸决定光的传输质量。常用的光纤、光缆有以下几种。

（1）8.3μm 芯、125μm 外层、单模。

（2）62.5μm 芯、125μm 外层、多模。

（3）50μm 芯、125μm 外层、多模。

（4）100μm 芯、140μm 外层、多模。

2. 特点

与铜线相比，光纤具有非凡的性能。首先，光纤能够提供比铜线高得多的带宽，在目前的技术条件下，一般传输速率可达每秒几十兆比特到几百兆比特，其带宽可达 1Gb/s，而在理论上，光纤的带宽是无限的；其次，光纤中光的衰减很小，在长线路上每 30km 才需要一个中继器，而且光纤不受电磁干扰，不受空气中腐蚀性化学物质的侵蚀，可以在恶劣环境中正常工作；最后，光纤不漏光，而且难以拼接，使得它很难被窃听，安全性很高，是国家主干网首选的传输介质。另外，光纤还具有体积小、质量轻、韧性好等特点，其价格也会随着工程技术的发展而大大下降。

3. 连接方式

光纤有三种连接方式。

（1）将光纤接入连接头并插入光纤插座。连接头要损耗 10%～20%的光，但它使重新配置系统变得很容易。

（2）机械接合。具体方法是将两根小心切割好的光纤的一端放在一个套管中，然后钳起来。这种方法大约要花 5 分钟时间，而且要求操作人员经过训练，光的损耗大约为 10%。

（3）光纤熔接。熔接后的光纤和单根光纤相差无几，仅有一点衰减，但熔接需要采用特殊的设备。

这三种连接方式的接合处都有反射，并且反射的能量会和信号相互作用。

4. 发送和接收

有两种光源可被用作信号源：发光二极管（Light Eemitting Diode，LED）和激光二极管（Injection Laser Diode，ILD）。它们有着不同的特性，见表 3-8。

表 3-8　两种光源的特性对比

项　目	发光二极管	激光二极管
传输速率	低	高
模式	多模	多模或单模
距离	短	长
温度敏感度	较低	较高
造价	低	高

光纤的接收端由光电二极管构成，在接收到光时，会产生一个电脉冲。光电二极管的响应时间一般为 1ns，这就是把数据传输速率限制在 1Gb/s 内的原因。热噪声也是一个问题，因此光脉冲必须具有足够的能量，以便被检测到。如果光脉冲能量足够强，就可以将出错率降到非常低的水平。用光纤传输电信号时，在发送端要将电信号用专门的设备转换成光信号，在接收端由光检测器将光信号转换成脉冲电信号，再经专门的电路处理后生成最终的信息。光纤的信号传输如图 3-10 所示。

图 3-10　光纤的信号传输

5. 接口

目前使用的接口有两种。一种被称为无源接口，由两个接头熔于主光纤形成。接头的一端有一个发光二极管或激光二极管（用于发送），另一端有一个光电二极管（用于接收）。接头本身是完全无源的，因而是非常可靠的。

另一种接口被称为有源中继器（Active Repeater）。输入的光信号在中继器中被转换成电信号，如果信号已经减弱，则对其进行放大，转换成光信号后再发送出去。现在已经有了纯粹的光中继器，这种设备不需要光电转换，因而可以以非常高的带宽运行。

6. 光纤通信系统及其组成

1）光纤通信系统

光纤通信系统是以光波为载体、光纤为传输介质的通信方式，其中起主导作用的是光源、光纤、光发送机和光接收机。光源是光波产生的根源。光纤是传输光波的介质。光发送机的功能是产生光束，将电信号转换成光信号，再把光信号导入光纤。光接收机的功能是接收在光纤中传输的光信号，并将它转换成电信号，经解码后再做相应处理。

2）光纤通信系统的组成

光纤通信系统的组成如图3-11所示。

图3-11　光纤通信系统的组成

3）光纤通信的特点

（1）优点。

① 传输速率高，目前实际可达到的传输速率为每秒几十兆比特至几千兆比特。

② 抗电磁干扰能力强，质量轻，体积小，韧性好，安全保密性高等。

③ 传输衰减极小，使用光纤传输时，在6～8km内不使用中继器也能获得高速率的数据传输效果。

④ 传输频带宽，通信容量大。

⑤ 线路损耗低，传输距离远。

⑥ 抗化学腐蚀能力强。

⑦ 光纤制造资源丰富。

（2）缺点。

① 光纤通信多用于计算机网络的主干线路。光纤的最大问题是与其他传输介质相比价格昂贵。

② 光纤连接和光纤分支均比较困难，而且在分支时信号能量损失很大。

3.2.4 无线传输介质

前面所讲的三种传输介质都属于有线传输介质，但有线传输并不是任何时候都能实现的。例如，通信线路要通过一些高山或岛屿。当通信距离很远时，铺设电缆既昂贵又费时。

这时就需要用到无线传输。

1. 微波

微波的频率为300MHz～300GHz，但主要使用2～40GHz频率。微波通信在数据通信中占有重要地位，主要分为地面微波通信与卫星微波通信两种。

地面微波通信采用定向抛物面天线，地面微波信号一般在低频率范围。由于微波连接不需要电缆，所以比起基于电缆的连接方式，它较适合跨越荒凉或难以通过的地段。它经常用于连接两个分开的建筑物或在建筑群中构成一个完整网络。由于微波在空间中是直线传输的，而地球表面是曲面，因此其传输距离受到限制，只有50km左右。但若采用100m高的天线塔，则传输距离可增大至100km。为了实现远距离通信，必须在一条无线电通信信道的两个终端之间建立若干中继站。中继站把前一站送来的信号放大后再送到下一站，所以也将地面微波通信称为“地面微波接力通信”。

卫星微波通信利用地面上的定向抛物面天线，将视线指向地球同步卫星。通信卫星发出的电磁波覆盖范围很广，跨度可达18000km，可覆盖地球表面三分之一的面积。卫星微波传输可跨越陆地和海洋，所需要的时间与费用却很少。地球站之间利用位于36000km高空的地球同步卫星作为中继器进行卫星微波通信。

2. 红外线

红外系统采用发光二极管、激光二极管来进行站与站之间的数据交换。红外设备发出的光，一般只包含电磁波或小范围电磁频谱中的光子。传输信号可以直接或经过墙面、天花板反射后被接收装置接收。

红外线无法穿透墙壁和其他固体，每次反射都要衰减一半左右，而且容易被强光源盖住。红外系统可以支持高速率的数据传输，一般分为点到点与广播式两类。

1）点到点红外系统

点到点红外系统如图3-12所示。

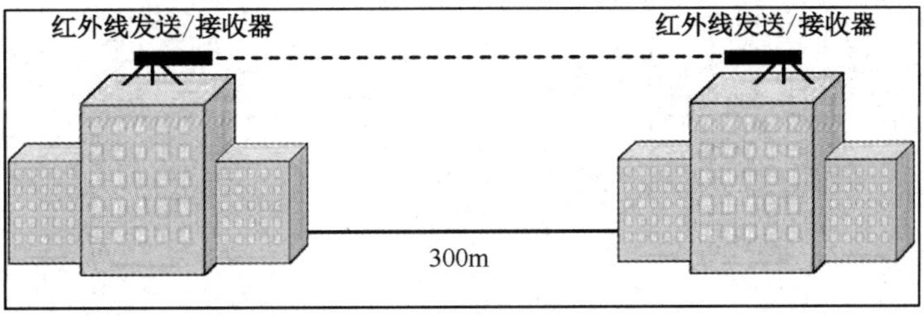

图3-12　点到点红外系统

人们常用的遥控器就采用这种红外系统。红外传输器使用光频（100GHz～1000THz）的最低部分。除高质量的大功率激光器较贵以外，一般用于数据传输的红外装置都非常便宜，但它的安装必须精确到绝对点对点。这种红外系统的传输速率一般为每秒几千比特，根据发射光的强度、纯度和大气情况，衰减有较大的变化，传输距离一般为几米到几千米不等。聚焦传输具有极强的抗干扰性。

2）广播式红外系统

广播式红外系统是把集中的光束，以广播或扩散的方式向四周发射，常用于遥控器和其他消费设备上。广播式红外系统如图 3-13 所示。

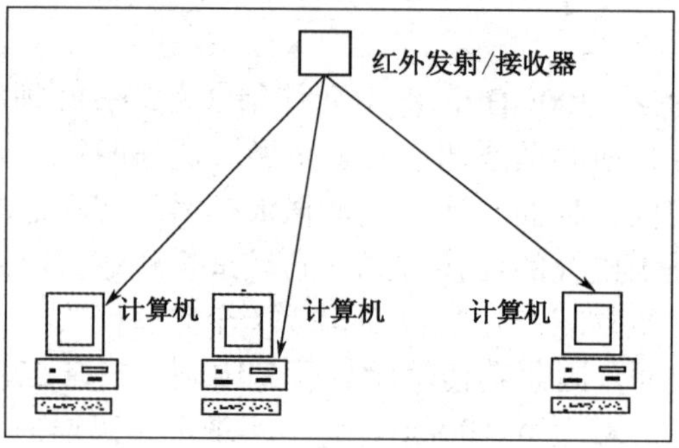

图 3-13 广播式红外系统

3.3 任务实施——案例工程传输介质

通过相关知识的讲解，读者对传输介质有了比较深入的了解，对如何选择传输介质和各种组件也有了进一步的认识，从而可以针对性地实施案例任务。在信息学院网络综合布线系统项目中，需要为校园网的各个部分选择合适的传输介质。

3.3.1 选用光纤

（1）信息学院工程楼分布图如图 3-14 所示。

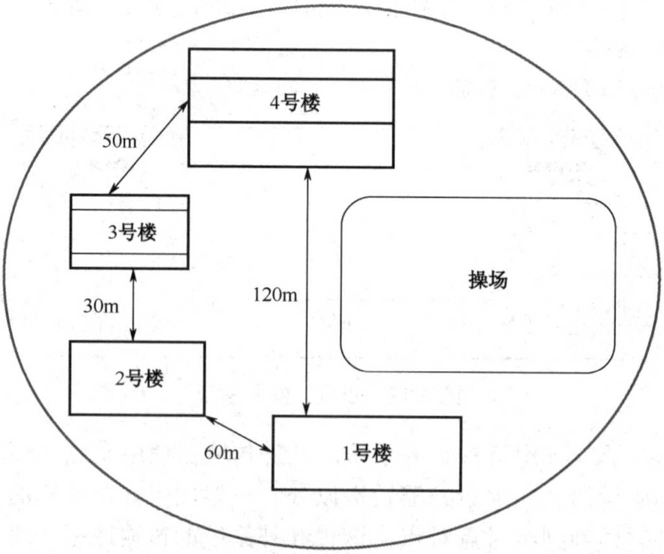

图 3-14 信息学院工程楼分布图

根据实际测量，1、2 号楼之间的距离为 60m，2、3 号楼之间的距离为 30m，3、4 号楼之间的距离为 50m，1、4 号楼之间的距离为 120m。可以看出，整个校园建筑物分布相对集中，相互之间的最大距离仅为 120m。这为传输介质的选用提供了较大的空间。同时根据用户需求，本工程主要用于校园网的实现，以及满足学院日常办公、对外交流、教学过程和教务管理的需要，要求支持 100Mb/s 的数据传输速率，能够接入 Internet，网络具有较强的稳定性和安全性，并具有扩充和升级功能。考虑到具体应用，整个校园网以 2 号楼（信息中心楼）作为数据交换中心，在日常应用中有可能涉及普通文档的传输、流媒体信息传输及相关的 Internet 应用。其中，流媒体信息传输的数据量较大，且以信息中心楼作为整个校园网信息传输的汇聚点，在介质及设备选用方面，应为信息中心楼选择传输能力较强的介质和设备，以防在将来的网络运行中形成网络瓶颈。根据以上几方面的考虑，决定在校园内的各建筑物之间选用光纤作为主干网的传输介质。由于 1、2、3 号楼之间的距离相对较近，而 1、4 号楼之间的距离相对较远，因此从传输距离来考虑，1、2、3 号楼之间的布线选用多模光纤，而 1、4 号楼之间则选择单模光纤。

（2）信息中心楼为本工程的建设重点，它共有 5 层，每层高度为 4m，最大数据传输垂直距离为 20m。其包括图书馆、网络实训中心、动漫制作中心、网管中心及 12 个常用机房。此外，每层均配有一个设备间。根据用户需求，该楼内的网络主要用于各层之间、各部门之间的信息传输，要求能够接入 Internet，网络具有较强的稳定性和安全性。各层的管理间作为本层信息传输的中心，数据流量较大；而网管中心对全楼的信息进行汇总，负责整个楼的网络调试、运行及维护，数据流量更为可观。针对以上这些情况，为使全楼的网络能够良好地运行，决定采用多模光纤连接信息中心楼各层之间的垂直子系统，并接入 Internet。

（3）信息中心楼每层均配有设备间 1 间、办公室 1 间和不同用途的实训室、机房，各层房间分布情况类似，现以 3 楼为例进行传输介质选择方案的分析。可将这一层看成一个水平子系统，设备间、办公室和机房之间的最大水平距离不超过 60m。根据用户需求，主要实现日常教学、楼层内部网络的日常管理、运行与维护，要求网络具有较强的稳定性和安全性，并具有扩充和升级功能。其余各层的布线环境大致相同。从以上情况可以看出，在每层的设备间、办公室和机房之间数据传输量适中，但对网速要求较高，宜选择多模光纤进行布线。

3.3.2 选用双绞线

信息中心楼每层均设有机房，一般配有 50 台左右计算机，机房之间的最大距离不超过 20m。从用户需求上看，机房主要用于日常教学、课程设计及综合实训，要求具有较高的网速，支持网络广播教学，网络具有较强的稳定性和安全性。从以上情况可以看出，机房主要作为教学设施使用，数据传输量相对较小，而且布线的范围小，这种环境适合选择非屏蔽双绞线进行布线。

3.4 任务 2 选择布线组件

3.4.1 任务引入

网络布线组件是网络综合布线系统中必不可少的硬件部分，常用的布线组件包括配线架、模块、面板、机柜和管槽等。它们在整个布线系统中起到承上启下的作用。熟悉了各种布线组件以后，便可以顺利地选用合适的组件配合传输介质及相关硬件完成系统的综合布线。

本任务是为信息学院信息中心楼的网络布线系统选择合适的布线组件。具体任务如下：

（1）为信息中心楼 5 楼管理间选择合适的机柜、配线架、管槽。

（2）为信息中心楼各层的设备间选择合适的机柜、配线架、管槽及模块。

（3）为信息中心楼各层的房间选择合适的机柜、配线架、管槽及模块。

3.4.2 任务分析

在上一个任务中，已经为信息中心楼的网络布线系统选择了传输介质，接下来就要为该楼的布线系统选择合适的布线组件，这也是十分关键的步骤。

在本任务中，每层的房间（水平子系统）布线后将线缆集中到该层的设备间内，而楼层之间是垂直子系统，所有的设备间通过该子系统将线缆全部汇聚到网管中心管理间内，管理间是整个信息中心楼的信息交通枢纽。

在完成本任务的过程中，应分别为垂直子系统、水平子系统和管理间子系统选择合适的布线组件，包括机柜、配线架、管槽及相应的模块、面板和底盒等。

3.5 相关知识——布线组件

3.5.1 配线架

配线架是管理间子系统中最重要的组件，是实现垂直子系统和水平子系统交叉连接的枢纽。配线架通常安装在机柜中或墙上。

1. 配线架的作用

配线架用于终接线缆，为双绞线或光缆与其他设备（如交换机等）的连接提供接口，使综合布线系统变得更加易于管理，如图 3-15 所示。配线架能使更换线缆变得更加方便，连接顺序是交换机→配线架→服务器；如果没有配线架，则连接顺序为交换机→服务器。有了配线架，就可以在配线架上更换线缆，而不用插拔交换机端口。

图 3-15 配线架

2. 配线架的分类

(1) 按照配线架所接线缆的类型，在网络工程中常用的有双绞线配线架、光纤配线架、数字配线架和总配线架。

① 双绞线配线架。

双绞线配线架的作用是在管理间子系统中将双绞线进行交叉连接，通常用在主配线间和各分配线间，为双绞线与其他设备的连接提供接口。双绞线配线架的型号很多，每个厂商都有自己的产品系列，并且对应 3 类、5 类、超 5 类、6 类和 7 类双绞线分别有不同的规格和型号，在具体项目中应根据实际情况进行配置。如图 3-16 所示为双绞线配线架。

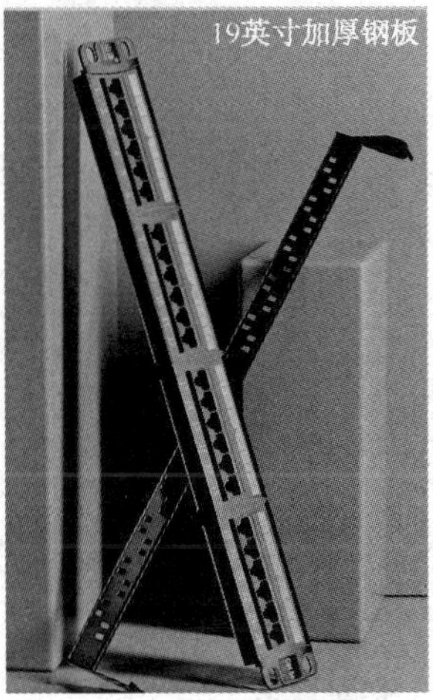

图 3-16　双绞线配线架

② 光纤配线架（ODF）。

光纤配线架是光传输系统中一个重要的配套设备，它是光缆与光通信设备间的配线连接部件，在管理间子系统中主要用于光缆终端的光纤熔接、光连接器的安装、光路的调配、多余尾纤的存储及光缆的保护等，通常用在主配线间和各分配线间。它对光纤通信网络的安全运行和灵活使用有着重要的作用。

光纤配线架具有固定功能、熔接功能、调配功能和存储功能。

依据光纤配线架结构的不同，可分为直插式光纤配线架（图 3-17）、卡扣式光纤配线架（图 3-18）、壁挂式光纤配线架（图 3-19）、机架式光纤配线架和光纤配线箱等类型。

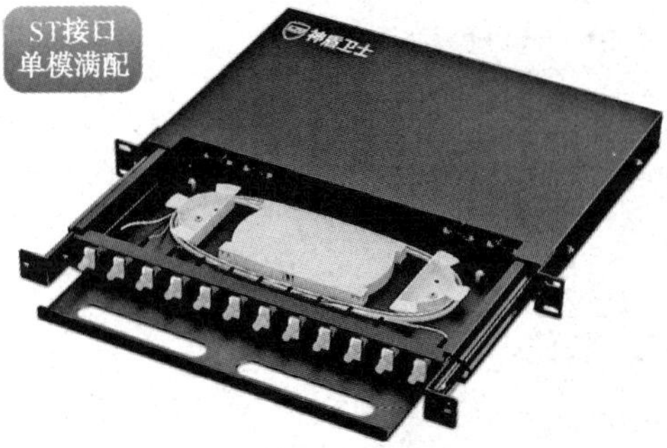

图 3-17　直插式光纤配线架

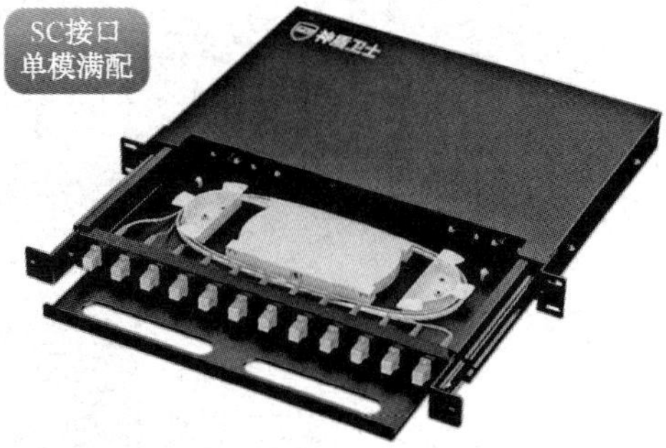

图 3-18　卡扣式光纤配线架

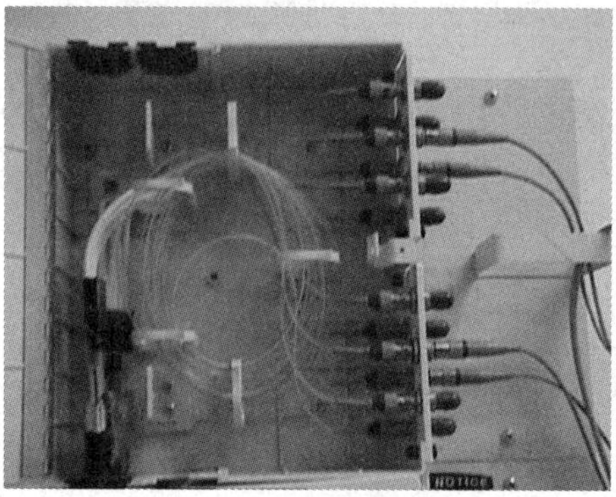

图 3-19　壁挂式光纤配线架

③ 总配线架（MDF）。

总配线架是水平、垂直、设备间子系统的连接设备，如图 3-20 所示。

图 3-20　总配线架

④ 数字配线架（DDF）。

数字配线架又称高频配线架，如图 3-21 所示。数字配线架在数字通信中越来越有优势，它能使数字通信设备的数字码流连接成一个整体，2～155Mb/s 信号的输入、输出都可终接在数字配线架上，这为配线、调线、转接、扩容带来了很大的灵活性和方便性。

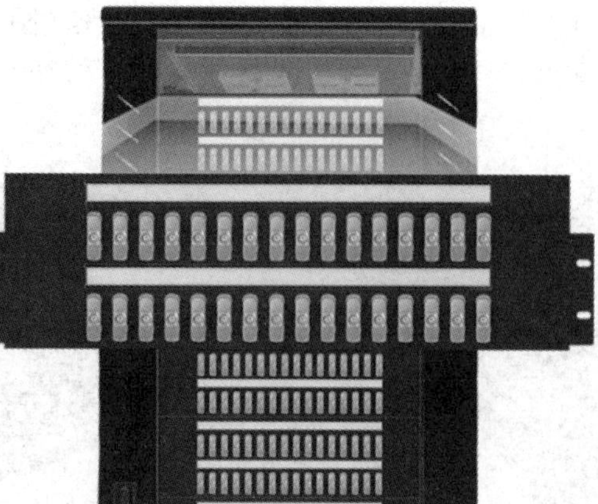

图 3-21　数字配线架

（2）按照配线架的端口数，可分为24口配线架、48口配线架等。

24口超5类配线架满足ANSI/TIA/EIA 568A超5类传输标准，符合T568A和T568B线序，适用于设备间的水平布线或设备端接，以及集中点的互配端接。其坚固及易于安装的设计，减少了安装与操作费用；较大的正面标识空间方便端口识别，便于管理，符合19英寸机架安装标准，如图3-22和图3-23所示。

图3-22　24口超5类配线架正面图

图3-23　24口超5类配线架背面图

（3）按照常见的电缆配线架系列，可分为RJ45模块化配线架和110配线架。

① RJ45 模块化配线架：又称数据配线架，用于端接电缆和通过跳线连接交换机等网络设备。

② 110配线架：又称语音配线架，须和110连接块配合使用，用于端接配线电缆或干线电缆，并通过跳线连接水平子系统和垂直子系统。

3.5.2　面板、模块与底盒

面板、模块加上底盒形成一个整体，统称信息插座，但有时信息插座只代表面板。

1. 面板

面板的内部构造、规格尺寸及安装方法等有较大的差异。信息插座面板用于在信息出口位置安装固定信息模块，常见的有单口、双口面板，也有三口或四口型号，面板一般为平面插口，如图 3-24、图 3-25 所示。

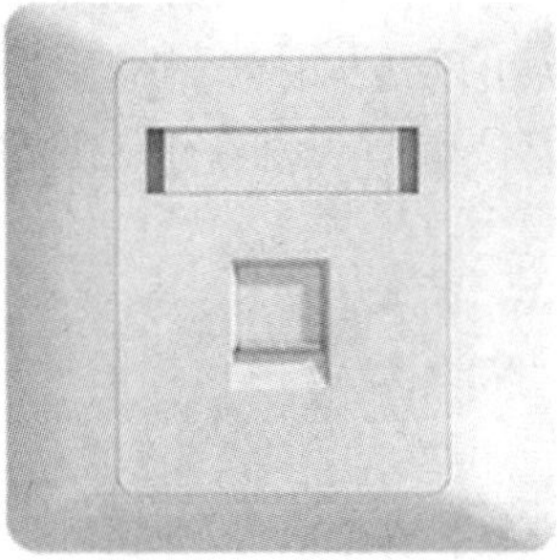

图 3-24 单口面板

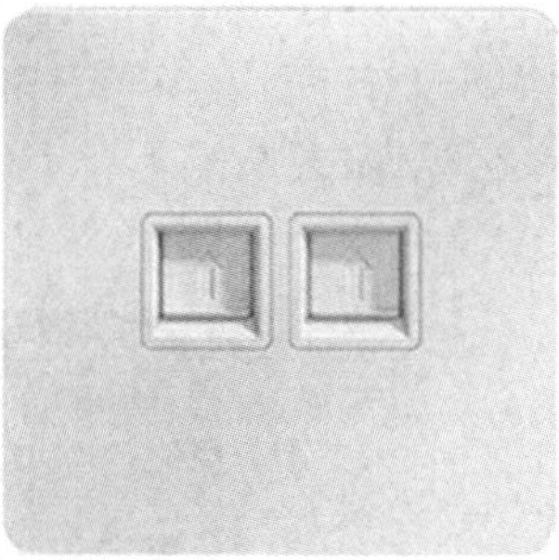

图 3-25 双口面板

面板有固定式面板和模块化面板两种，如图 3-26、图 3-27 所示。固定式面板的信息模块与面板合为一体，无法去掉某个信息模块插孔，或者更换为其他类型的信息模块插孔。固定式面板的优点是价格便宜、便于安装，缺点是结构不能改变，在局域网布线中应用较少。模块化面板是预留了多个插孔位置的通用墙面板，面板与信息模块插座分开购买。

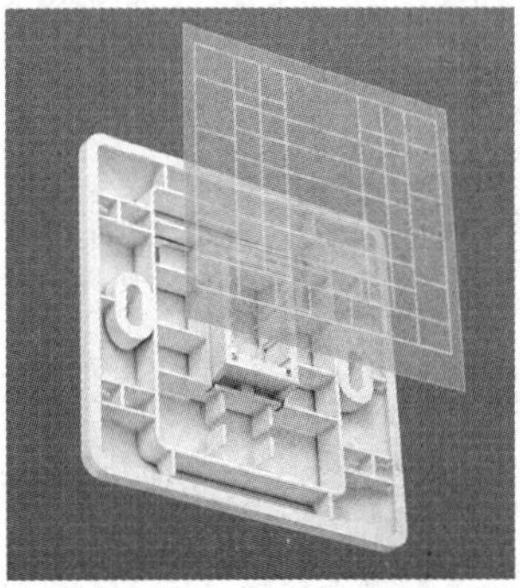

图 3-26 固定式面板

图 3-27 模块化面板

信息插座面板有三种安装方式：一是安装于地面，要求安装于地面的金属底盒密封、防水、防尘并带有升降功能，此方法安装造价较高，并且由于事先无法预知办公位置，也不知道分隔板的确切位置，因此灵活性不是很好；二是安装于分隔板上，此方法适用于分隔板位置确定以后，安装造价较为便宜；三是安装在墙上。

在地板上进行模块面板安装时，需要选用专门的地面插座，铜质地面插座有旋盖式、翻扣式和弹起式三种。弹起式地面插座应用最广，它采用铜合金或铝合金材料制作而成，安装于厅、室内任意位置的地板平面上。使用时，面盖与地面相平。地面插座采用防渗结构，在插座体合上时可保证水滴等不易渗入。

当然，面板的作用不仅仅是保护内部模块、使插接线头与模块接触良好，还有一个重要的作用就是方便用户使用和管理。因而，在工程中一个重要的工序就是正确地标识每个信息插座面板的功能，使之清晰、美观、易于辨认。

2. 模块

模块是信息插座的核心，也是最终用户的接入点，模块的质量和安装工艺直接决定了用户访问网络的速率。

1）RJ 模块

RJ 是 Registered Jack 的缩写，意思是“注册的插座”。按照美国联邦通信委员会的定义，RJ 是公用电信网络的接口，常用的有 RJ11 和 RJ45，计算机网络的 RJ45 是标准 8 位模块化接口的俗称。在以往的 4 类、5 类、超 5 类和 6 类布线系统中，采用的都是 RJ 型接口；在 7 类布线系统中，将允许采用非 RJ 型接口。2002 年，西蒙公司开发的 TERA 连接件被正式选为非 RJ 型 7 类标准工业接口的标准模式。TERA 连接件的传输带宽高达 1.2GHz，超过了 7 类标准传输带宽（600MHz）。

网络通信领域有 4 种常见的基本 RJ 模块插座，每一种可以连接不同构造的 RJ。例如，一个 6 芯插座可以连接 RJ11（1 对）、RJ14（2 对）或 RJ25C（3 对），一个 8 芯插座可以连接 RJ61C（4 对）和 RJ48C。

2）RJ45 模块

RJ45 模块是布线系统中的一种连接器，由插头和插座组成。它连接于导线之间，以实现导线的电气连续性。如图 3-28 所示为 RJ45 模块的正视图、侧视图和立体图。

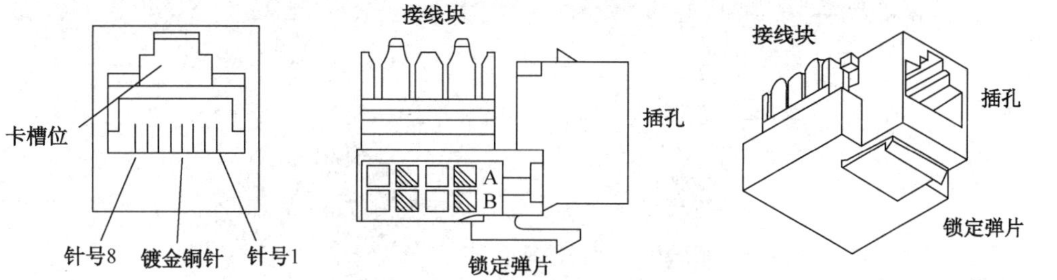

图 3-28　RJ45 模块的正视图、侧视图和立体图

RJ45 模块的核心是模块化插头，镀金的导线或插孔可维持与模块化插头弹片间稳定而可靠的电连接。由于弹片与插孔间的摩擦作用，电接触随插头的插入而得到进一步加强。该模块主体设计采用整体锁定机制，这样当模块化插头插入时，插头和插孔的界面处可产生最大的拉拔强度。RJ45 模块上的接线块通过线槽来连接双绞线，锁定弹片可以在面板等信息出口装置上固定 RJ45 模块。

3）其他模块

常见的非屏蔽模块高 2cm、宽 2cm、厚 3cm，整体抗高压、阻燃，可卡接到任何 M 系列模式化面板、支架或表面安装盒中，并可在标准面板上以 90° 垂直或 45° 斜角安装，特殊的工艺设计可保证至少 750 次重复插拔，模块使用了 T568A 和 T568B 布线通用标签，还带有一个白色的扁平线插入盖。这种模块通常需要利用打线工具——带有 110 型刀片的 914 工具打接线缆。这种非屏蔽模块也是国内综合布线系统中应用得最多的一种模块。

因为插拔方便，用户也开始喜欢使用 45° 斜角模块，可以在目前的标准模块上加上 45° 斜角的面板，也可以将模块安装端直接设计成 45° 斜角，如图 3-29 所示。

免打线工具模块是模块人性化设计的一种体现，这种模块端接时无须使用专用刀具，如图 3-30 所示。

ACO 通信插座系统是 AMP 推出的一种通信插座系统，如图 3-31 所示。它采用独特的设计，也以类似 RJ45 标准模块大小的空间进行端接。这种插座系统由不同的通信接口和底座组成，包括电话接口、数据接口、同轴接口、视频接口。

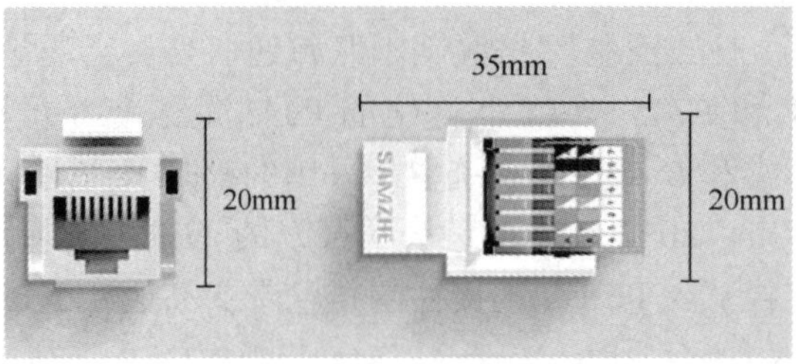

图 3-29　45° 斜角模块

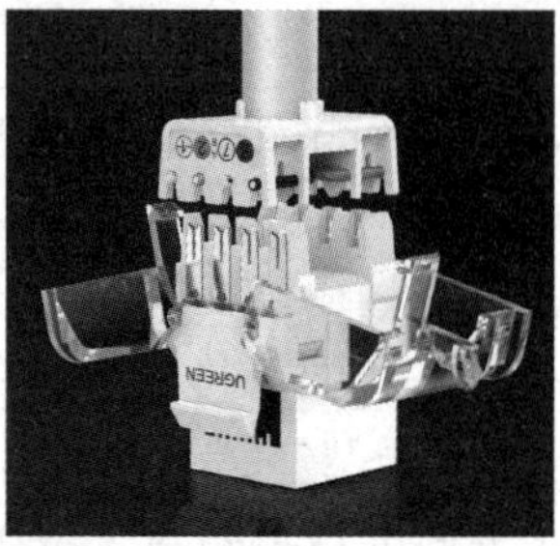

图 3-30　免打线工具模块

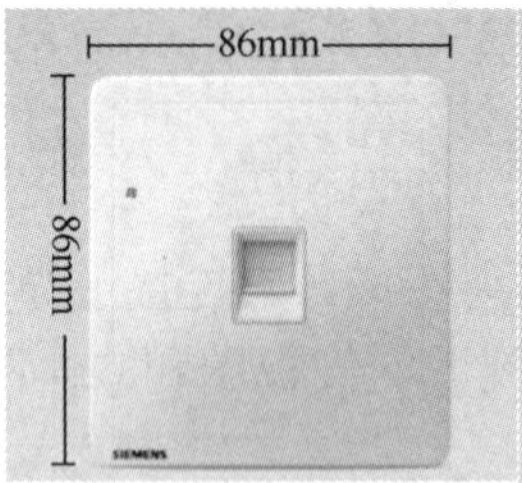

（a）超 5 类数据接口

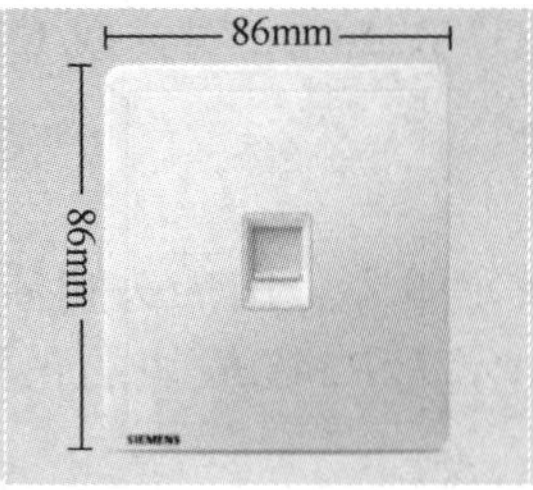

（b）电话接口

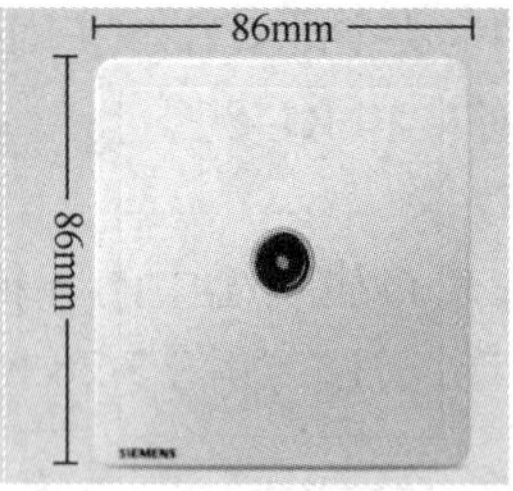

（c）同轴接口

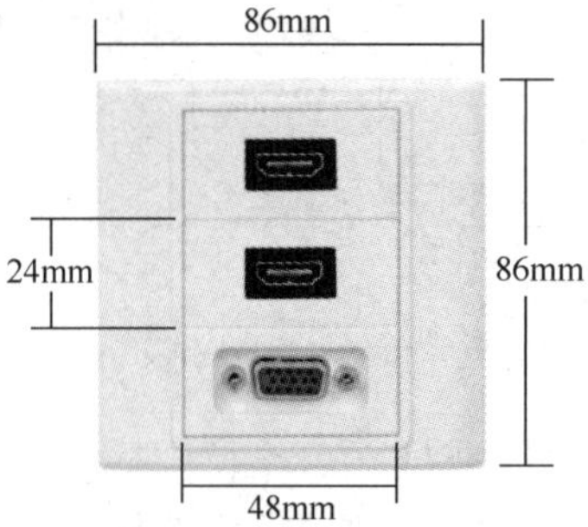

（d）视频接口

（e）通信接口底座

图 3-31　ACO 通信插座系统

在一些新型的设计中，结合了多媒体的模块接口看起来甚至与标准的数据/语音模块接口没有太大的区别，这种趋于统一模块化的设计带来的好处是各模块使用同样大小的空间及安装配件。目前的应用发展趋势是语音、数据、视频（Voice-Data-Video，VDV）综合应用。采用新型设计的模块已经在用户使用方便性方面做了很大努力。

3. 底盒

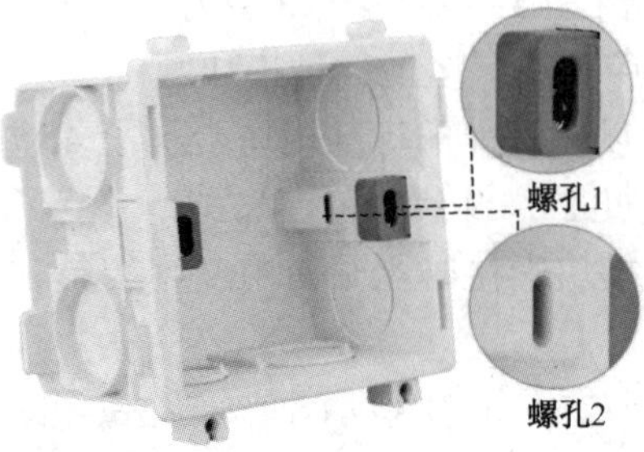

图 3-32　底盒

信息插座安装在墙上时，面板安装在接线底盒上，接线底盒有明装和暗装两种。明装底盒只能用 PVC 线槽明铺在墙壁上，这种方式安装灵活，但不美观；暗装底盒预埋在墙体内，布线时走预埋的线管。底盒一般是塑料材质或金属材质的，一个底盒安装一个面板，且底盒大小必须与面板制式相匹配。底盒内有固定面板用的螺孔，随面板配有将面板固定在底盒上的螺钉。底盒都预留了穿线孔，方便安装时使用，如图 3-32 所示。

3.5.3 机柜

标准机柜广泛应用于计算机网络设备、有线/无线通信器材、电子设备的叠放，机柜具有增强电磁屏蔽、降低设备工作噪声、减少设备占地面积的优点。一些高档机柜还具备空气过滤功能，以提高精密设备工作环境质量。

1. 机柜的定义

机柜一般是由冷轧钢板或合金制作的用来存放计算机和相关控制设备的物件，可以提供对存放设备的保护，屏蔽电磁干扰，有序、整齐地排列设备，方便以后维护设备。

2. 机柜的分类

1）根据外形分类

根据外形可分为立式机柜、挂墙式机柜和开放式机架，如图 3-33、图 3-34、图 3-35 所示。

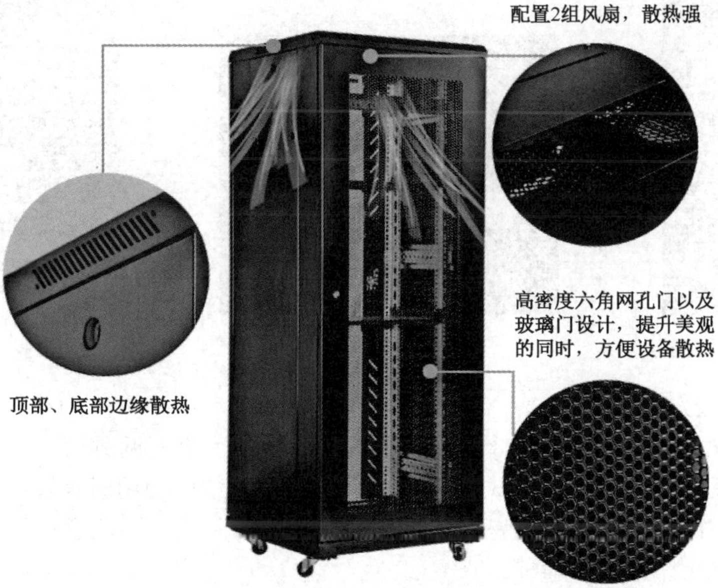

图 3-33　立式机柜

图 3-34　挂墙式机柜

图 3-35　开放式机架

立式机柜主要用于综合布线系统的设备间，挂墙式机柜主要用于没有独立房间的楼层配线间。开放式机架具有价格便宜、操作方便、搬动简单等优点，一般为敞开式结构。开放式机架主要适合一些要求不高和经常对设备进行操作管理的场所，用它来叠放设备可以减少占地面积。

2）根据应用对象分类

根据应用对象不同可分为服务器机柜、网络机柜、控制台机柜，如图 3-36、图 3-37、图 3-38 所示。

网络机柜是 19 英寸标准机柜，它的宽度为 600mm，深度也为 600mm。服务器机柜由于要安装服务器、显示器、UPS 等 19 英寸标准设备及非标准设备，因此在机柜的宽度、深度、高度、承重等方面均有要求，高度有 2.0m、1.8m、1.6m 三种，宽度有 800mm、700mm、600mm 三种，深度有 700mm、800mm 和 900mm 三种。它的前门和后门一般都有透气孔，排热风扇也较多。劣质产品遇到较重的负荷容易产生变形，危及设备的安全。

图 3-36　服务器机柜

图 3-37　网络机柜

图 3-38　控制台机柜

3）根据组装方式分类

根据组装方式不同可分为一体化焊接型机柜和组装型机柜两种。

组装型机柜是目前的主流形式，购买时都是散件包装，使用时组装；一体化焊接型机柜的价格相对便宜，产品材料和焊接工艺是这类机柜的关键，要注意检查产品的质量。

机柜常见的配件有以下几种。

（1）固定托盘：用于安装各种设备，尺寸繁多、用途广泛，有 19 英寸标准固定托盘、非标准固定托盘等。常规配置的固定托盘深度有 440mm、480mm、580mm、620mm 等。固定托盘的承重不小于 50kg。

（2）滑动托盘：用于安装键盘及其他各种设备，可以方便地拉出和推回；19 英寸标准滑动托盘适用于任何 19 英寸标准机柜。常规配置的滑动托盘深度有 400mm、480mm 两种。滑动托盘的承重不小于 20kg。

（3）配电单元：选配电源插座和适合任何标准的电源插头，配合 19 英寸安装架，安装方式灵活多样。规格为 6 插口，参数为 220V、10A。

（4）理线架：19 英寸标准理线架可配合任意一款 TOPER 系列机柜使用，12 孔理线架配合 12 口、24 口、48 口配线架使用效果最佳。

（5）理线环：专用于 TOPER 1800 系列和 TOPER Server 系列机柜的理线装置，安装和拆卸非常方便，使用的数量和位置可以任意调整。

（6）L 支架：L 支架可以配合机柜使用，用于安装机柜中的 19 英寸标准设备，特别是质量较大的 19 英寸标准设备，如机架式服务器等。

（7）盲板：盲板用于遮挡机柜内的空余位置，常规盲板有 1U、2U 两种（1U=44.45mm）。

（8）扩展横梁：专用于 TOPER 1800 系列和 TOPER Server 系列机柜的装置，用于扩展机柜内的安装空间，安装和拆卸非常方便。也可以配合理线架、配电单元的安装，形式多样。

（9）安装螺母（方螺母）：适用于任意一款 TOPER 系列机柜，用于机柜内所有设备的安装，包括机柜大部分配件的安装。

（10）键盘托架：用于安装标准计算机键盘，可翻折 90°，键盘托架必须配合滑动托盘使用。

（11）调速风机单元：安装于机柜的顶部，可根据环境温度和设备温度调节风扇的转速，可以有效降低机房的噪声，调速方式为手动和无级调速。

（12）机架式风机单元：高度为 1U，可安装在 19 英寸标准机柜内的任意位置，可根据机柜内的热源酌情配置。

（13）全网孔前（后）门：门上全是直径 3mm 的圆孔，可提高机柜的散热性能和屏蔽性能，可适配 2.0m 机柜、1.8m 机柜和 1.6m 机柜。

（14）散热边框钢化玻璃前门：机柜前门两边全部为散热长孔，可提高机柜的散热性能，美观实用，可适配 2.0m 机柜、1.8m 机柜和 1.6m 机柜。

3.5.4 管槽

布线系统中除线缆外，管槽也是一个重要的组成部分，金属槽、塑料槽、金属管、塑料管是综合布线系统的基础性材料。

1. 金属管和塑料管

金属管适用于分支结构或暗埋的线路，它的规格有多种。

在金属管内穿线比线槽布线难度更大一些，在选择金属管时要注意将管径选大一点。为了便于穿线，一般管内填充物占 30%左右。

塑料管分为两大类，即 PE 阻燃导管和 PVC 阻燃导管。

PE 阻燃导管是一种半硬导管，具有强度高、耐腐蚀、挠性好、内壁光滑等优点，明、暗装穿线兼用。

PVC 阻燃导管是以聚氯乙烯树脂为主要原料，加入适量的助剂，经加工设备挤压成型的刚性导管，小管径 PVC 阻燃导管可在常温下进行弯曲。

2. 金属槽和塑料槽

金属槽由槽底和槽盖组成，每根金属槽一般长度为 2m，如图 3-39 所示。槽与槽连接时使用相应尺寸的铁板和螺钉固定。

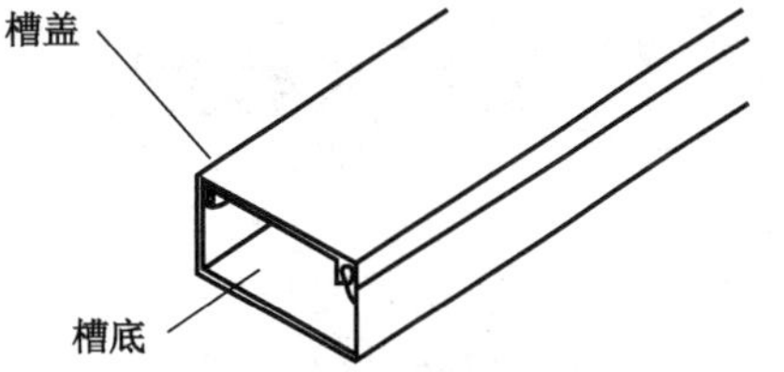

图 3-39 金属槽结构示意图

在综合布线中经常使用的线槽的规格（宽×高）有 50mm×100mm、100mm×100mm、100mm×200mm、100mm×300mm、200mm×400mm。此外，

PVC 塑料线槽在安装时有配套的附件，见表 3-9 和表 3-10。

表 3-9　PVC-40Q 塑料线槽明敷设安装配套附件

产品名称	图例	出厂价/元	产品名称	图例	出厂价/元
阳角		0.50	阴角		0.50
平三通		0.65	直转角		0.65
连接头		0.36	终端头		0.36

表 3-10　PVC-25 塑料线槽明敷设安装配套附件

产品名称	图例	出厂价/元	产品名称	图例	出厂价/元
阳角		0.35	阴角		0.35
平三通		0.55	顶三通		0.55
左三通		0.55	右三通		0.55
直转角		0.46	四通		0.45
接线盒插口		0.20	灯头盒插口		0.20
连接头		0.20	终端头		0.20

3.6　任务实施——案例工程布线组件

选择布线组件是网络综合布线过程中的重要步骤，对于整个网络综合布线任务来说，由于布线的实施是以楼层为单位的，每一层的布线方案大致相同，因此以信息中心楼 3 楼为例，对选择布线组件的方案进行具体说明。

1. 选用机柜

（1）由于信息中心楼每层的信息汇聚点为该层的设备间，在整个楼的垂直子系统中，以网管中心作为信息枢纽，因此在网管中心和每层的设备间内应配有性能较高的 1.6m 标准网络机柜。

（2）在每个机房内可以选用标准的 0.5m 立式网络机柜。

2. 选用配线架

（1）由于信息中心楼各层间的垂直子系统中采用光纤作为主干线，在每层的水平子系统中也采用光纤进行布线连接，所以在垂直子系统和水平子系统交叉连接的网管中心和各层设备间内，应配有多口型光纤配线架并安装于网络机柜中。

（2）在每个机房内可以选用光纤配线架和 48 口双绞线配线架并安装于标准机柜中，以满足水平干线和机房内 40 台计算机的需求。

3. 选用管槽

在设备间、办公室和机房之间利用 PVC 塑料管槽进行布线，并且安装相应的配套附件。例如，在房间的拐角处走线时可以选用平三通、左三通、右三通、阴角、阳角、直转角等连接件。

4. 选用模块、接口和面板

在管理间、办公室和机房内适当的位置安装数据接口、RJ 模块接口和信息插座面板。

以上为信息中心楼 3 楼的布线组件选用方案，其他各层的布线方法基本类似，均可以上述方案作为参考。

3.7 同步训练

3.7.1 思考与练习

1. 简答题

（1）试比较双绞线电缆和光缆的优、缺点。

（2）连接件的作用是什么？它有哪些类型？

（3）双绞线电缆有哪几类？各有什么优、缺点？

（4）光缆主要有哪些类型？应如何选用？

（5）综合布线系统中的机柜有什么作用？

（6）线缆如何与布线组件进行连接？

2. 填空题

（1）在双绞线电缆内，把两根绝缘的铜线按一定密度互相绞在一起，这样可以______________串扰。

（2）双绞线电缆的每条线都有色标，以利于区分和连接。一条 4 对电缆有 4 种本色，即____________、____________、____________和____________。

（3）按照绝缘层外部是否有金属屏蔽层，双绞线电缆可以分为____________和____________两大类。目前，在综合布线系统中，除了某些特殊的场合，通常都采用____________。

（4）同轴电缆分成 4 层，分别由____________、____________、____________和____________组成。

（5）细缆的最大传输距离为__________m，粗缆的最大传输距离为__________m。

（6）光纤由三部分组成，即____________、____________和____________。

（7）按传输模式分类，光缆可以分为____________和____________两类。

（8）单模光缆一般采用____________作为光源，光信号可以沿着光纤的轴向传播，因此光信号的损耗很小，离散也很小，传播距离较远。多模光缆一般采用____________作为光源。

（9）RJ45 模块的核心是____________，其主体设计采用____________机制，这样设计的好处是____________________________________。

（10）光纤配线架具有____________、____________、____________和____________等功能。

3. 选择题（答案可能不止一个）

（1）非屏蔽双绞线电缆用色标来区分不同的线对，计算机网络布线系统中常用的 4 对双绞线电缆有 4 种本色，它们是（　　）。

A. 蓝色、橙色、绿色和紫色

B. 蓝色、红色、绿色和棕色

C. 蓝色、橙色、绿色和棕色

D. 白色、橙色、绿色和棕色

（2）光缆是数据传输中最有效的一种传输介质，它有（　　）优点。

A. 频带较宽　　B. 电磁绝缘性能好

C. 衰减较小　　D. 无中继段长

（3）目前在网络布线方面，主要有两种双绞线布线系统，即（　　）。

A. 4 类布线系统　　B. 5 类布线系统

C. 超 5 类布线系统　　D. 6 类布线系统

（4）频率与近端串扰和衰减的关系是（　　）。

A. 频率越低，近端串扰越大，衰减也越大

B. 频率越低，近端串扰越大，衰减越小

C. 频率越低，近端串扰越小，衰减也越小

D. 频率越低，近端串扰越小，衰减越大

（5）（　　）光纤连接器在网络工程中最为常用，其中心是一个陶瓷套管，外壳呈圆形，紧固方式为卡扣式。

A. ST 型　　B. SC 型

C. FC 型　　D. LC 型

3.7.2 实训

实训一：识别传输介质

1. 实训题目

识别双绞线、同轴电缆和光纤。

2. 实训目的

认识各种有线传输介质，掌握它们各自的特征和用途；学会识别双绞线、同轴电缆和光纤，并熟练掌握识别的方法。

3. 实训内容

（1）辨别屏蔽双绞线和非屏蔽双绞线。
（2）辨别粗缆和细缆。
（3）辨别多模光纤和单模光纤。

4. 实训方法

（1）观察双绞线的外形及结构，分辨屏蔽双绞线和非屏蔽双绞线。
（2）观察同轴电缆的外形及结构，分辨粗缆和细缆。
（3）观察光纤的外形及结构，分辨多模光纤和单模光纤。

5. 实训总结

（1）根据观察到的传输介质的外形，进一步掌握辨别的方法，并进行详细的记录。
（2）分组交流辨别不同的传输介质的方法和技巧。
（3）按照附录所给实训报告样表写出报告。

实训二：识别布线组件

1. 实训题目

识别各种网络布线组件。

2. 实训目的

认识常用的布线组件（包括配线架、模块、机柜、管槽和连接件），进一步了解它们的结构特征及用途；学会识别它们的类型，并熟练掌握识别的方法。

3. 实训内容

（1）识别常用的配线架。
（2）识别 RJ45 模块。
（3）识别 ACO 通信插座系统上各种不同用途的接口。
（4）识别机柜中的各种配件。
（5）识别常用的布线管槽，以及与塑料线槽配套的连接件。

4. 实训方法

（1）识别各种常用的配线架，分析它们的类型及特征。

（2）观察RJ45模块的外形及结构，说出其特征。

（3）观察ACO通信插座系统，识别各种不同用途的接口。

（4）观察机柜的外形及内部配件，说出各种配件的名称。

（5）观察常用的布线管槽（包括金属质地和塑料质地两种），说出与塑料线槽配套的连接件的名称和特征。

5. 实训总结

（1）记录观察结果，进一步掌握辨别布线组件的方法。

（2）分组讨论识别布线组件的技巧，以及应该注意的问题。

（3）按照附录所给实训报告样表写出报告。

模块 4

综合布线工程施工

学习目标

【知识目标】

- ◆ 熟悉综合布线各种施工工具。
- ◆ 明确施工工具使用的基本要求。
- ◆ 掌握施工工具的使用技巧。
- ◆ 掌握线缆施工要领及技巧。

【能力目标】

- ◆ 能够完成综合布线施工准备。
- ◆ 掌握综合布线实际施工中所涉及的工具的使用方法及相关操作。
- ◆ 能够完成双绞线的制作、信息模块的连接和双绞线的走线。
- ◆ 能够为真实的布线系统选择合适的布线组件。
- ◆ 能够完成光纤的连接及走线敷设。

4.1 任务1 综合布线施工准备

4.1.1 任务引入

施工准备是网络综合布线系统工程的重要环节，施工是将设计构想变为现实的过程。施工准备是完成工程施工的基础，其工作质量的好坏直接决定整个工程的施工质量及进度，因此如何将施工准备工作做细、做好是本任务的关键所在。

以信息学院信息中心楼（2 号楼）布线工程为例，施工前的具体任务如下。

（1）建立和谐的施工环境。

（2）熟悉施工图纸。

（3）编制、修订施工方案。

4.1.2 任务分析

信息学院信息中心楼（2号楼）布线工程仅涉及一座楼，施工前的准备工作相对简单。首先，根据工程需要，建立和谐的内外部施工环境，确定施工项目管理队伍；其次，根据工程设计方案，熟悉施工图纸，了解施工内容，确定布线路由；最后，编制施工方案，检查设备间、配线间和管路系统，并准备好施工工具。

4.2 相关知识——施工准备

任何一项工程，无论工作量大小，其施工准备基本是相同的，都必须做好下面的工作。

4.2.1 建立施工环境

和谐的内外部施工环境，特别是和谐的内外部人员关系是保证工程又好又快完成的基础。因此，在工程施工前理顺施工过程中所要涉及的内外部人员关系，对于整个工程的完成有着至关重要的意义。为了做到这一点，在施工前需要注意下面三点。

1. 确定施工队伍

确定工程施工队伍，任何一项工程的完成都是以施工队伍的工作为核心的，好的施工队伍必然能做出好的工程。

2. 制定管理规定

根据具体工程的实际情况，制定相关的管理规定，以此充分调动施工人员的工作积极性。

3. 建立合作关系

在不违反相关法律法规的前提下，尽可能多地与施工相关的外部人员进行交流，尽快建立起一种和谐的合作关系，以利于施工的展开。

4.2.2 熟悉施工图纸

施工图纸是工程设计成果，熟悉施工图纸是每个施工单位在施工前的必修课。施工单位应通过仔细阅读施工图纸，了解设计内容，把握设计意图，明确工程所采用的设备及材料，明确图纸所提出的施工要求，熟悉与工程有关的技术资料。特别需要强调的是，由于施工过程会受到很多不确定因素的影响，在施工过程中难免会出现根据实际情况对工程设计文件和施工图纸进行调整的情况，施工方的调整意见必须是在明确把握设计意图的基础之上提出的，只有这样才能避免在工程实践中出现因调整意见不一而影响工程进度的情况。

4.2.3 编制、修订施工方案

在全面熟悉施工图纸的基础上，依据图纸并根据施工现场情况、施工方的技术水平、设备情况、施工材料供给情况，制定合理的施工方案。

1. 协调组织，提高效益

统筹规划、合理布局，在坚持施工工序的基础上，合理协调人员和设备的组合，争取获得二者结合的最大化效益。

2. 建立组织，协调管理

根据工程合同的要求，建立合理的施工组织机构，充分利用内外部各种资源，协调组织施工管理。

3. 合理施工，提高效率

发挥统筹学在工程指挥中的优势，合理施工，尽可能提高工作效率。

4.2.4 现场环境准备

施工前的现场环境勘察、准备工作是顺利完成综合布线工程的重要一环。勘察、准备工作的细致程度直接影响整个工程的施工进度及工程质量，因此必须给予足够的重视。工程现场环境准备主要包括以下工作。

1. 土建工程条件检查

正式进驻施工现场前，首先要对土建工程，即建筑物的安装现场条件进行检查，在确认符合《建筑与建筑群综合布线系统验收规范》和设计文件相应要求后，方可进行安装。

2. 施工图纸核查

要根据现场情况再次对施工图纸进行核查，核准布线的走向与位置。可让施工经验丰富的高级施工人员对施工图纸进行二次核准，提出修改意见，然后将修改结果提供给施工人员、督导人员和主管人员。

3. 修正规划

根据最终确定的基础规划，计算用料和用工，综合考虑设计实施中管理操作等方面的费用，修正预算和工期及施工方案和施工安排。实施方案须经用户方认可签字，并指定协调负责人、工程负责人和工程监理人员负责规划备料、备工、用户方配合要求等方面的事宜，提出各部门配合的时间表，负责内外协调和施工组织，管理施工现场认证测试，制作测试报告和布线标记。

在完成以上工作后，对施工现场进行合格性检查。

4. 检查设备间、配线间

（1）墙面要求：墙面涂不易起灰的浅色涂料或无光油漆。

（2）地面要求：要求房屋地面平整、光洁，满足防尘、绝缘、耐磨、防火、防静电、防酸等要求。活动地板应符合《防静电活动地板通用规范》（SJ/T 10796—2001）的要求，地板板块敷设严密坚固，每平方米水平偏差不应大于2mm，地板支柱牢固，活动地板防静电措施（设施）的接地应符合设计和产品说明要求。

（3）环境要求：温度要求为10～30℃，湿度要求为20%～80%，灰尘和有害气体指标符合要求。

（4）门的高度和宽度应不妨碍设备和器材的搬运。

（5）预留地槽、暗管、孔洞的位置、数量、尺寸应符合设计要求。

（6）照明采用水平面一般照明，照度可为75～100lx。进线室应采用具有防潮功能的安全灯，灯开关装于门外。

（7）电源插座应为220V单相带保护的电源插座，插座接地线从380V/220V三相五线制的PE线引出。部分电源插座可根据所连接的设备情况采用UPS的供电方式。

（8）设备间和配线间应设有接地体，如果采用单独接地，则接地体的电阻值不应大于4Ω；如果采用联合接地，则不应大于1Ω。

5. 检查管路系统

（1）检查设计要求的预留暗管系统是否全部安装完毕，特别是接线盒是否已安装到管路系统中，是否畅通；检查垂井是否满足安装要求；检查预留孔洞是否齐全。

（2）检查天花板和活动地板是否安装完成，是否方便施工，铺设质量和承重是否满足要求。

（3）检查是否有安全制度，要求施工人员戴安全帽并着劳保服进入施工现场，高空作业要系安全带；检查垂井和预留孔洞是否有防火措施，消防器材是否齐全、有效，器材堆放是否安全。

4.2.5 施工工具准备

在完成现场环境检查之后就应该开始进行工具准备并完成器材检查。网络工程需要准备多种施工工具。

1. 线槽、线管和桥架施工工具

这类施工工具包括电钻、充电手钻、电锤、台钻、钳工台、型材切割机、手提电焊机、曲线锯、钢锯、角磨机、钢钎、铝合金人字梯、安全带、安全帽、电工工具箱（包括老虎钳、尖嘴钳、斜口钳、一字螺钉旋具、十字螺钉旋具、测电笔、电工刀、裁纸刀、剪刀、活扳手、呆扳手、卷尺、铁锤、钢锉、电工皮带、手套等）等。

2. 线缆敷设工具

线缆敷设工具包括线缆牵引工具和线缆标识工具。线缆牵引工具有牵引绳索、牵引缆套、扭线转环、滑车轮、防磨装置和电动牵引绞车等。线缆标识工具有手持线缆标识机、热转移式标签打印机等。

3. 线缆端接工具

线缆端接工具包括双绞线端接工具和光纤端接工具。双绞线端接工具主要是剥线钳。光纤端接工具有光纤磨接工具和光纤熔接机等。

4. 线缆测试工具

线缆测试工具主要有简单铜缆线序测试仪和线缆认证测试仪（如 Fluke DSP 系列测试仪、光功率计、光时域反射仪等）。

4.2.6 检查工程材料

工程所需的各种型材、管材与铁件的检查也是工程准备阶段的一项大任务，主要检查各种金属材料（如钢材和铁件）的材质、规格是否符合设计文件的规定，表面所做防锈处理是否良好，有无脱落和气泡的现象；各种材料有无歪斜、扭曲、飞刺、断裂和破损等缺陷；各种管材的管身和管口是否变形，接续配件是否齐全、有效；各种管材（如钢管、硬质 PVC 管等）内壁是否光滑，有无节疤、裂缝；各种材料的材质、规格、型号及孔径、壁厚是否符合设计文件的规定和质量标准。为防止在工程中发生供货商偷工减料的情况，要经常用千分尺等工具对材料进行抽检。

施工前需要检查的主要对象为电缆、光缆，应从以下几方面进行检查。

1. 外观检查

查看标识文字。电缆的塑料包皮上都印有生产厂商、产品型号与规格、认证、长度、生产日期等信息，正品印刷的字符非常清晰、圆滑，基本上没有锯齿纹。

查看线对色标。线对中白色的那条芯线不应是纯白的，而是带有与之成对的那条芯线颜色的花白，这主要是为了方便用户使用时区分线对。

查看线对绕线密度。双绞线的每对线都绞合在一起，正品线缆绕线密度适中、均匀，方向是逆时针，且各线对绕线密度不一。

手感检查。双绞线电缆使用铜线做线芯，线缆质地比较软，以便进行施工中的小角度弯曲。

高温检查。将双绞线放在 35～40℃的高温环境下，测试双绞线塑料包皮会不会变软，合格品的塑料包皮是不会变软的。

2. 与样品对比

为了保障电缆、光缆的质量，在工程的招标和投标阶段可以对厂家所提供的产品样品进行分类并封存备案，待厂家大批量供货时，用所封存的样品进行对比，检查样品与批量产品品质是否一致。

3. 抽测

双绞线一般以 305m（1000 英尺）为单位包装成箱（线轴），也有按 1500m 长度包装成箱的，光缆则以 2000m 或更大的长度包装。最好的性能抽测方法是使用认证测试仪配上整轴线缆测试适配器测试其性能。整轴线缆测试适配器是 Fluke 公司推出的线轴电缆测试解决方案，能在线轴中的电缆被截断或端接之前对它的质量进行测试。具体方法如下：找到露在线轴外面的电缆头，剥去电缆的外皮 3～5cm，剥去每条导线的绝缘层约 3mm，然后将其插入测试适配器的插孔中进行测试。只需数秒钟，测试仪就会给出线轴电缆关键参数的详细测试结果。如果不具备以上条件，也可随机抽取几箱线缆，从每箱中截出长度为 90m 的线缆，测试电气性能指标，这样也能比较准确地判定线缆的质量。

4.3 任务实施——案例工程施工准备

通过对综合布线系统工程施工准备工作相关知识的学习，我们知道了网络布线施工前必须做好充分的准备，这样才能为后期的施工打下良好的基础。具体到信息中心楼（2 号楼）综合布线系统工程，需要做好以下准备工作。

1. 成立施工管理队伍

信息中心楼是整个校园网的中心，通过它能够使整个校区形成统一的校园网。因此，安排好施工管理队伍，建立和谐的内外部施工环境是至关重要的。

（1）乙方的项目管理负责人 1 人。

（2）乙方的项目施工人 8 人。

（3）甲方的基建处联络人 1 人，负责建筑物说明。

（4）甲方的资产处负责人 1 人，负责施工安排与联络。

2. 熟悉施工图纸

根据信息中心楼的工程设计方案，网管中心建在信息中心楼 501 房间，以此房间为中心进行布线，网络采用星形拓扑结构，骨干交换机采用锐捷 RG-S6506，具体工程结构图如图 1-2 所示。其中，501 房间为网管中心；201 房间、301 房间、401 房间为设备间；101 房间为管理间。层间使用光纤连接作为主干线，层内光纤接到桌面，其余局域网使用超 5 类非屏蔽双绞线布线，信息中心楼（2 号楼）网络工程结构图如图 1-3 所示，具体网络路线布置图如图 2-19 所示。

3. 检查施工现场

信息中心楼是新建楼宇，符合《建筑与建筑群综合布线系统设计规范》的要求；设备间、配线间安排合理，每间面积为 11m^2，预留地槽、暗管、孔洞的位置、数量、尺寸符合设计要求；所有设计要求的预留暗管系统都已安装完毕，特别是接线盒已安装到管路系统中。以上检查均说明施工现场已具备施工条件，可以入场施工。

4. 施工工具准备

根据信息中心楼网络布线系统工程建设需要，准备不同类型的施工工具，具体如下。

（1）线槽、线管和桥架施工工具（电钻、钢锯、切割机、电工工具箱等）。

（2）线缆敷设与端接工具（线缆牵引工具、线缆标识工具、剥线钳、光纤端接工具等）。

（3）线缆测试工具（压线钳、打线工具、线缆线序测试仪、线缆认证测试仪等）。

4.4 任务 2 选择综合布线施工工具

4.4.1 任务引入

古人讲“工欲善其事，必先利其器”。在一个综合布线工程中，施工工具是一个非常重要的组成部分。

以信息学院信息中心楼（2 号楼）布线工程为例，该工程包含双绞线和光纤的布线任务，为了能够高质量地完成任务，必须掌握施工工具的使用方法，施工工具具体如下。

（1）线缆整理工具。

（2）双绞线施工工具。

（3）光纤施工工具。

（4）线缆敷设辅助工具。

4.4.2 任务分析

信息学院信息中心楼（2 号楼）布线工程需要完成楼宇各层的水平布线及垂直布线，线缆敷设是其中的主要工作，在施工过程中要用到多种布线施工工具及辅助工具，要求施工人员熟练掌握各种工具的功能、使用方法及使用技巧。施工人员素质的高低直接影响工程质量的好坏，为了高质量完成任务，施工人员需要了解以下相关知识。

4.5 相关知识——布线施工工具

4.5.1 线缆整理工具

1. 扎带

扎带分尼龙扎带与金属扎带，综合布线工程中常用的是尼龙扎带。尼龙扎带采用 UL 认可的尼龙 66 材料制成，防火等级为 94V-2，耐酸、耐腐蚀，绝缘性良好，不易老化。

2. 理线器（环）

理线器的作用是为电缆提供平行进入 RJ45 模块的通路，使电缆在压入模块之前不再多次直角转弯，减少了电缆自身的信号辐射损耗，也减少了对周围电缆的辐射干扰。由于理线器能使水平双绞线有规律地、平行地进入模块，因此，在今后扩充线路时不会因改变了一根电缆而引起大量电缆的变动，使系统整体可靠性得到保证，即提高了系统的可扩充性。

4.5.2 线缆制作工具

1. 双绞线端接工具

常用的双绞线端接工具主要有以下几种。

（1）剥线钳：主要用于剥去双绞线外皮。

（2）压线工具：用于连接双绞线与RJ45插头。

（3）打线工具：用于将双绞线压接到信息模块和配线架上，信息模块和配线架是采用绝缘置换连接器（IDC）与双绞线连接的。IDC实际上是具有V形豁口的小刀片，当把导线压入豁口时，刀片割开导线的绝缘层与其中的导体形成接触。

（4）手掌保护器：在进行模块连接时对手掌进行保护的设备。

2. 光纤制作工具

（1）光纤剥离钳：用于剥离光纤涂覆层和外护层。

（2）光纤剪刀：用于修剪凯夫拉线。

（3）光纤连接器压接钳：用于压接FC、SC和ST连接器。

（4）光纤接续子：用于尾纤接续、不同类型的光缆转接、室内外永久或临时接续、光缆应急恢复等。

（5）光纤切割工具：用于多模和单模光纤切割。

（6）单芯光纤熔接机：采用芯对芯标准系统（PAS）进行快速、全自动熔接。

（7）光纤显微检视镜：用于检视接头核心及光纤端面周围。

4.5.3 工程施工辅助工具

（1）电工工具箱：包括工程施工中的一些常用基本工具。

（2）线盘：在施工现场用于连接电源。

（3）充电起子：工程施工中经常使用的一种电动工具，它既可用作螺钉旋具，又可用作电钻，特殊情况下可带充电电池使用。

（4）手电钻：既能在金属型材上钻孔，又能在木材、塑料上钻孔，是布线工程中经常用到的工具。

（5）冲击电钻：简称冲击钻，是一种特殊用途的手提式电动工具。

（6）电锤：以单相串激电动机作为动力源，适合在混凝土、岩石、砖石砌体等脆性材料上进行钻孔、开槽、凿毛等作业操作。

（7）电镐：比电锤功率大，冲击力也更大。

除此之外，工程中所要用到的辅助工具还包括线槽剪、台虎钳、管子台虎钳、管子切割器、管子钳、螺纹铰板、简易弯管器、曲线锯、角磨机、型材切割机、台钻、梯子等，这里就不逐一详细介绍了。

4.6 任务实施——案例工程施工工具

4.6.1 线缆整理工具

在信息学院信息中心楼（2 号楼）工程施工中，线缆整理工具主要用到扎带和理线器。

1. 扎带

使用方法：只需将带身轻轻穿过带孔一拉，即可牢牢扣住，如图 4-1 所示。尼龙扎带（图 4-2）按固定方式分为 4 种：可松式扎带、插销式扎带、固定式扎带和双扣式扎带。在信息中心楼（2 号楼）工程施工中，扎带有以下几种使用方式：使用不同颜色的尼龙扎带区分线路，使用带有标签的标牌尼龙扎带标记线缆，使用带有卡头的尼龙扎带将线缆轻松地固定在面板上。也可使用专门工具安装扎带，这样更加简单、省力。还可以使用线扣对扎带和线缆等进行固定，线扣分粘贴型和非粘贴型两种。

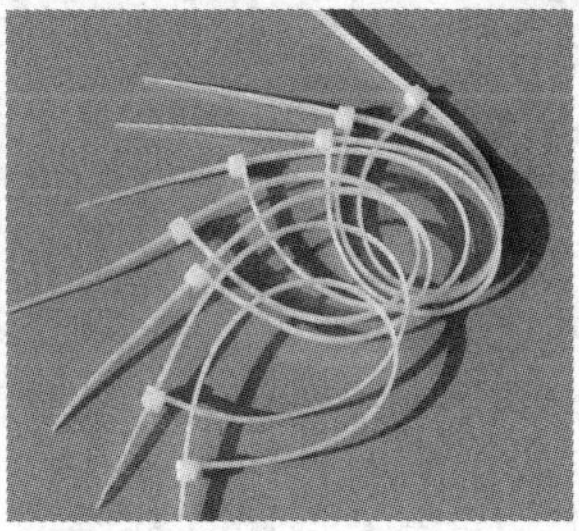

图 4-1　扎带

图 4-2　带有标签的标牌尼龙扎带

2. 理线器

在信息中心楼（2 号楼）的布线施工中，主要使用以下几种理线器。

1）垂直理线环

其安装于机架的上下两端或中部，完成线缆的前后双向垂直管理。

2）水平理线器

其安装于机柜或机架的前面，与机架式配线架搭配使用，完成配线架或设备跳线水平方向的线缆管理。

3）机架顶部理线槽

其安装在机架顶部，为进出机柜的线缆提供一个安全可靠的路径，它包括 9 个管理环和 18 英寸线缆管理带。

4.6.2 线缆制作工具

在信息中心楼（2 号楼）的布线施工中要用到双绞线端接工具和光纤制作工具。

1. 双绞线端接工具

常用的双绞线端接工具主要有以下几种。

1）剥线钳

有些工程技术人员直接用压线工具上的刀片来剥除双绞线的外护套，主要凭经验来控制切割深度，容易留下隐患，往往一不小心就会伤及导线的绝缘层。由于双绞线的表面是不规则的，而且线径存在差别，所以采用剥线钳剥去双绞线的外护套更加安全可靠。剥线钳使用高度可调的刀片或利用弹簧张力来控制切割深度，切割时不会伤及导线的绝缘层。剥线钳有多种外观，如图 4-3 所示是其中的几种。剥线钳的使用主要依靠使用者的工程实践经验，因此反复练习剥线是掌握剥线技巧的唯一途径。

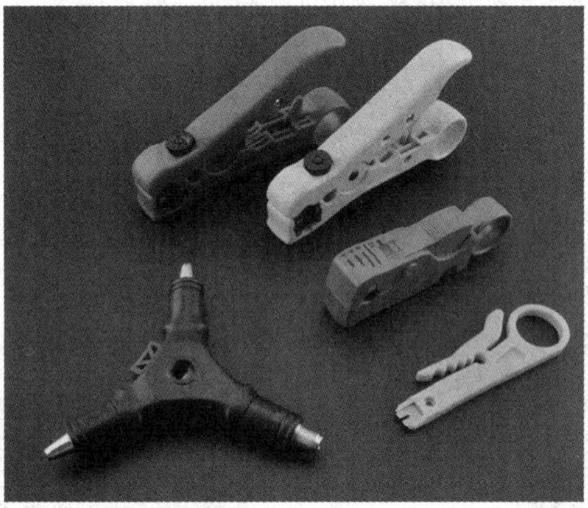

图 4-3　剥线钳

2）压线工具

压线工具用来压接 8 位的 RJ45 插头和 4 位、6 位的 RJ11、RJ12 插头。它同时提供切和剥的功能，其设计可保证模具齿和插头的角点精确地对齐。压线工具通常都是固定插头的，有 RJ45 或 RJ11 单用的，也有两用的，如图 4-4 所示为 RJ45 单用压线工具，如图 4-5 所示为两用压线工具。市场上还有手持式模块化插头压接工具，它有可替换的 8 位 RJ45 和 4 位、6 位的 RJ11、RJ12 压模。除手持式压线工具外，还有工业应用级的模式化插头自动压接仪。

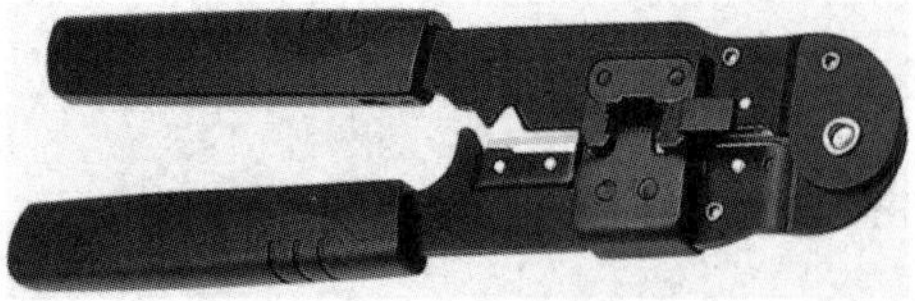

图 4-4　RJ45 单用压线工具

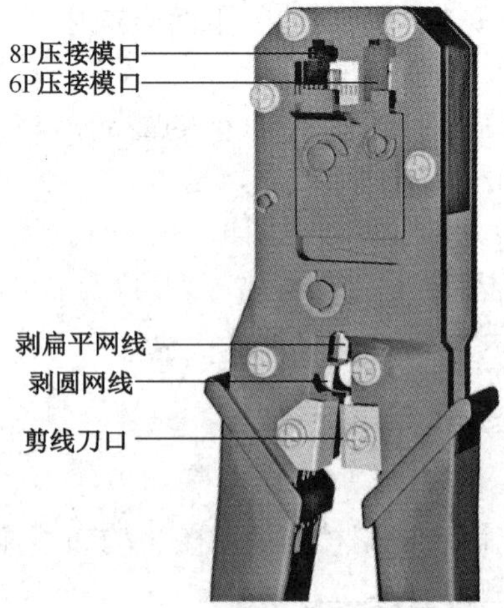

图 4-5　两用压线工具

3）打线工具

打线工具由手柄和刀具组成，它是两端式的，一端具有打接及裁线的功能，可裁剪多余的线头；另一端不具有裁线的功能。工具的一面印有清晰的“CUT”字样，使用户可以在使用过程中识别正确的打线方向。手柄握把具有压力旋转钮，可进行压力大小的调节。

上面介绍的是 110 单对打线工具，还有一种 110 五对打线工具，如图 4-6 所示，它是一种多功能端接工具，适用于线缆跳接块及跳线架的连接作业。端接工具和体座均可替换，通过翻转打线头可以选择切割或不切割线缆。工具的腔体由高强度的铝涂以黑色保护漆构成，手柄为防滑橡胶且符合人体工程学设计。工具的一面印有清晰的“CUT”字样，使用户可以在使用过程中识别正确的打线方向。还有一种 66 型打线工具，用于语音系统的交叉连接。

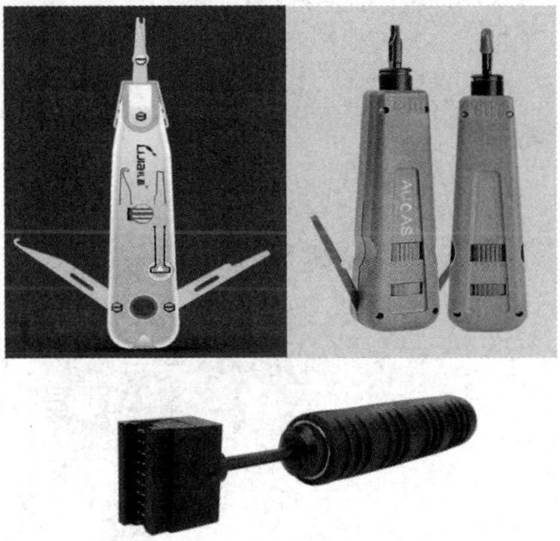

图 4-6　110 五对打线工具

4）手掌保护器

由于把双绞线的 4 对芯线卡入信息模块的过程比较费劲，且信息模块容易划伤手，于是有公司专门设计生产了手掌保护器，将信息模块嵌在保护器中后再对信息模块进行压接，这样一方面方便把双绞线卡入信息模块，另一方面可以起到保护手掌的作用，如图 4-7 所示。

图 4-7　手掌保护器

2. 光纤制作工具

1）光纤剥离钳

光纤剥离钳的种类很多，如图 4-8 所示为双口光纤剥离钳。它是双开口、多功能的，钳刃上的V形口用于精确剥离250gm、500gm涂覆层及900μm缓冲层，第二开孔用于剥离3mm尾纤外护层。所有的切端面都有精确的机械公差，以保证干净、平滑地操作。不使用时可将刀口锁在关闭状态。

2）光纤剪刀

光纤剪刀如图4-9所示，它是一种防滑锯齿剪刀，复位弹簧可提高剪切速度。注意：它只可剪光纤的凯夫拉线，不能剪光纤内芯线玻璃层及用于剥皮。

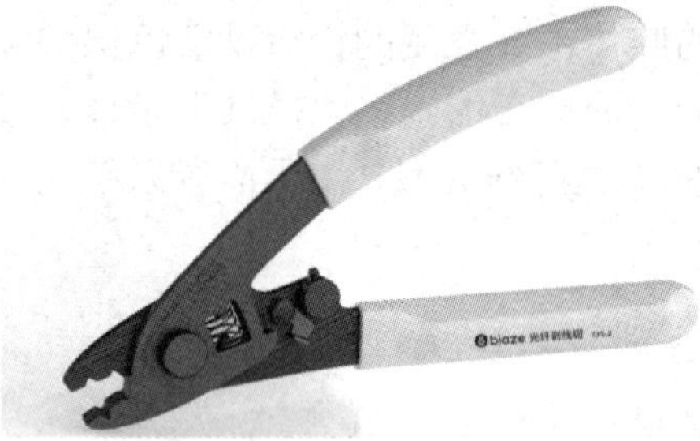

图4-8　双口光纤剥离钳

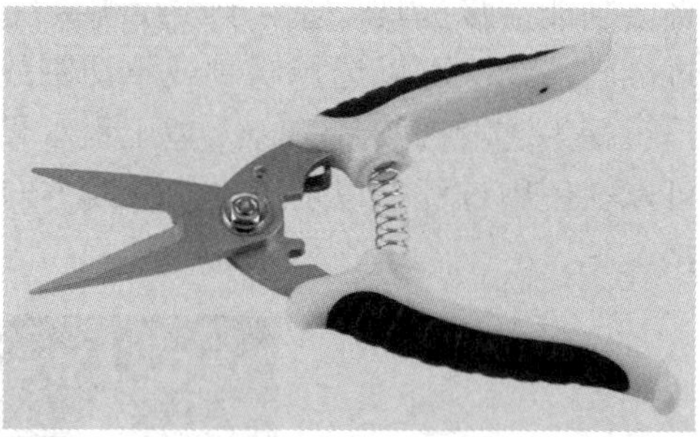

图4-9　光纤剪刀

3）光纤连接器压接钳

光纤连接器压接钳用于压接FC、SC和ST连接器，如图4-10所示。

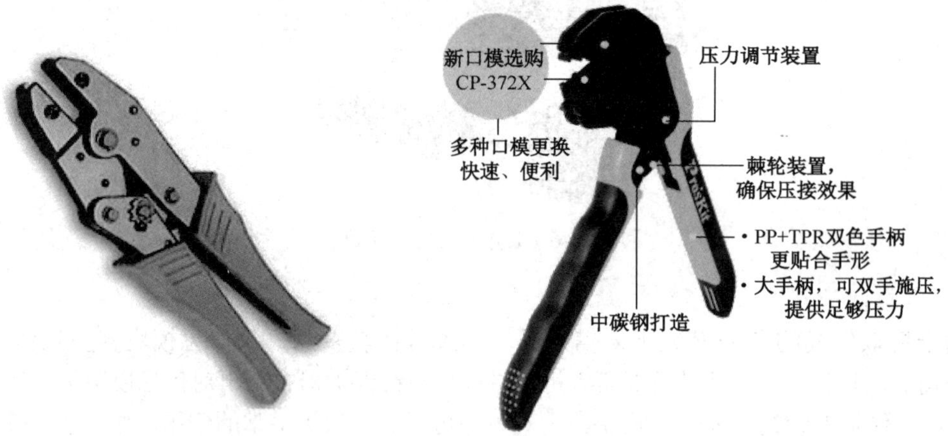

图4-10　光纤连接器压接钳

4）光纤接续子

光纤接续子有很多类型，如图4-11所示为CamSplice光纤接续子，这是一种简单易用的光纤接续工具，可以接续多模或单模光纤。它的特点是使用一种凸轮锁定装置，不需要任何粘接剂。CamSplice光纤接续子采用了光纤中心自对准专利技术，使两光纤接续时保持极高的对准精度。CamSplice光纤接续子的平均接续损耗为0.15dB，即使随意接续（不经过精细对准），其损耗也很容易达到0.5dB以下。它可以应用在250/250gm、250/900gm或900/900gm光纤接续的场合。CamSplice光纤接续子使用起来非常简单，操作步骤如下：剥纤并把光纤切割好，将需要接续的光纤分别插入接续子内，直到它们互相接触，然后旋转凸轮以锁紧并保护光纤。这个过程中不需要使用任何粘接剂或其他专用工具。当然，使用夹具操作更方便。一般来说，接续一对光纤不会超过2min。

5）光纤切割工具

光纤切割工具包括通用光纤切割工具和光纤切割笔，如图 4-12 所示。通用光纤切割工具用于光纤精密切割，光纤切割笔用于光纤的简易切割。

图 4-11　CamSplice 光纤接续子

6）单芯光纤熔接机

单芯光纤熔接机如图 4-13 所示，它配有双摄像头和 5 英寸高清晰度彩色显示器，能进行 *X* 轴、*Y* 轴同步观察；带有深凹式防风盖，在 15m/s 的强风下能进行接续工作；可以自动检测放电强度，放电稳定可靠；能够自动识别光纤类型，自动校准熔接位置，自动选择最佳熔接程序，自动推算接续损耗。其配件有主机、AC 转换器/充电器、AC 电源线、监视器罩、电极棒、便携箱、精密光纤切割刀、充电/直流电源和涂覆层剥皮钳等。

图 4-12　光纤切割工具

图 4-13　单芯光纤熔接机

7）光纤显微检视镜

光纤显微检视镜一般有 60～400 倍不等的可调光纤放大镜，体积较小、携带方便，适配接口一般为通用适配接口，如图 4-14 所示。

8）其他光纤工具

其他光纤工具有光纤固化加热炉、手动光纤研磨工具、光纤头清洗工具、光纤探测器和常用光纤工具包等。常用光纤工具包如图 4-15 所示。

图 4-14　光纤显微检视镜

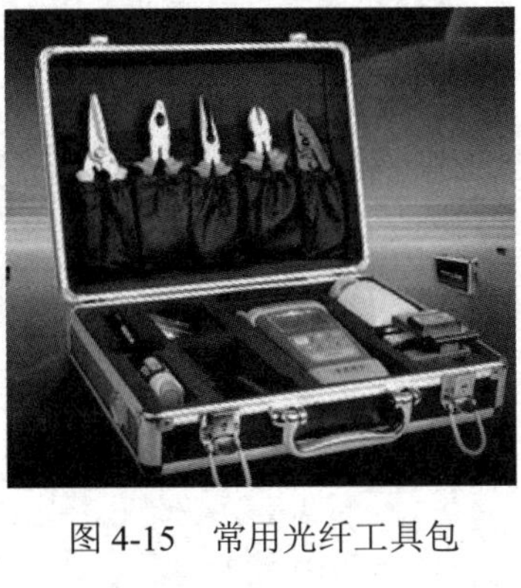

图 4-15　常用光纤工具包

4.6.3 工程施工辅助工具

1. 电工工具箱

电工工具箱是布线施工中必备的工具，它一般包括钢丝钳、尖嘴钳、斜口钳、剥线钳、一字螺钉旋具、十字螺钉旋具、测电笔、电工刀、电工胶带、活扳手、呆扳手、卷尺、铁锤、凿子、斜口凿、钢锉、钢锯、电工皮带和工作手套等工具。电工工具箱中还应常备诸如水泥钉、木螺钉、自攻螺钉、塑料膨胀管、金属膨胀栓等小材料，如图4-16所示。

2. 线盘

在施工现场，特别是室外施工现场，由于施工范围广，需要用线盘接电，线盘长度有20m、30m、50m等，如图4-17所示。

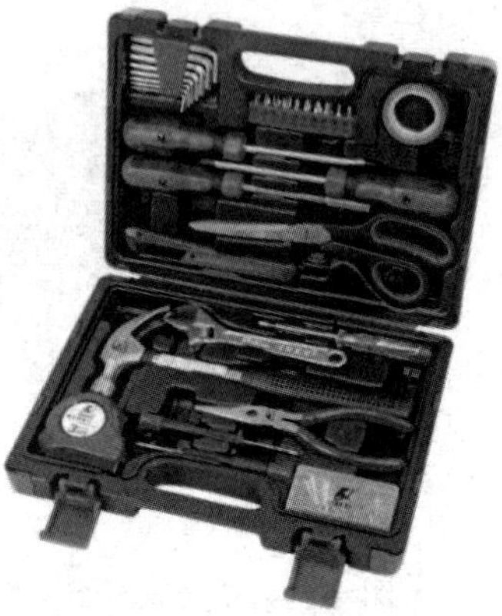

图4-16 电工工具箱

图4-17 线盘

3. 充电起子

充电起子可单手操作，具有正反转快速变换按钮，使用灵活方便。其具有强大的扭力，配合各式通用的六角工具头可以拆卸及安装螺钉、钻孔等。其可取代传统起子，拆卸或安装螺钉完全不费力，可大大提高工作效率，如图4-18所示。

图4-18 充电起子

4. 手电钻

手电钻由电动机、电源开关、电源线和钻头等组成。使用钻头钥匙开启钻头锁，可使钻夹头张开或锁紧，从而松开或固定钻头，如图 4-19 所示。

图 4-19　手电钻

5. 冲击电钻

冲击电钻由电动机、减速箱、冲击头、辅助手柄、开关、电源线、插头及钻头夹等组成，适合在混凝土、预制板、瓷砖等建筑材料上钻孔或打洞，如图 4-20 所示。

图 4-20　冲击电钻

6. 电锤

电锤以单相串激电动机作为动力源，适合在脆性材料上进行钻孔、开槽、凿毛等作业操作。电锤钻孔速度快、成孔精度高，其功能与冲击电钻相似，但外形与结构区别较大，如图 4-21 所示。

图 4-21　电锤

7. 电镐

电镐采用精确的重型电锤机械结构，如图 4-22 所示。电镐具有混凝土铲凿功能，比电锤功率大，冲击力也更大。减震控制使操作更加安全，可调节冲击力，适合多种材料条件下的施工。

图 4-22 电镐

4.7 任务 3 综合布线线缆施工

4.7.1 任务引入

信息学院信息中心楼（2 号楼）的综合布线系统施工方案涉及双绞线和光纤连接技术及线缆敷设技术，在实际的施工过程中，主要完成如下任务。

（1）双绞线的端接及线缆敷设。

（2）光纤的端接及线缆敷设。

4.7.2 任务分析

在本任务中，完成信息中心楼的线缆敷设（局部施工示意图如图 4-23 所示）要用到两种传输介质：双绞线、光纤。如何根据用户对不同线缆的敷设要求及具体情况，结合相关的综合布线标准和工程实施准则，将布线理论与工程实际结合起来，是本工程实施中最关键的问题。这种结合应建立在熟练掌握各种线缆连接操作的基础之上。

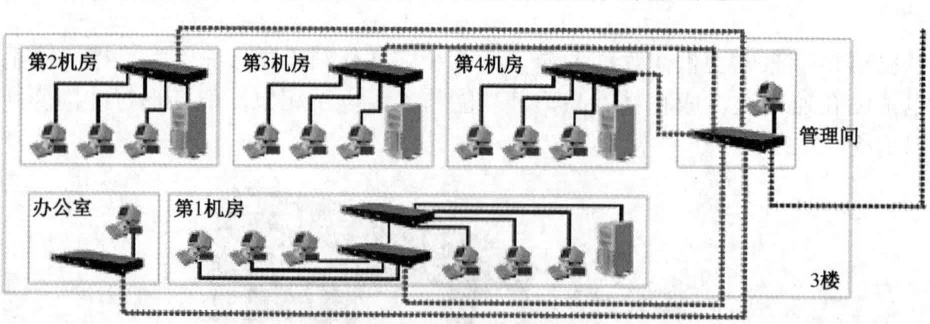

图 4-23 局部施工示意图

实际施工过程会受到天气状况、施工环境、客户要求变更、供需双方人际关系等不确定因素的影响。大量的工程实例证明，过硬的施工技术是完成综合布线工程的基本保障，但仅有施工技术是不够的，还要有良好的工程习惯、面对问题时灵活的处理方式、理论与实践的结合能力，这些对于工程施工同样是不可或缺的。

4.8 相关知识——线缆施工

线缆施工是综合布线系统工程的关键环节，必须明确相关的施工规则。

4.8.1 双绞线施工

1. 跳线

跳线遵循国际标准 ANSI/TIA/EIA 568，有 A、B 两种端接方式：IBM 公司的产品通常用端接方式 A，AT&T 公司的产品通常用端接方式 B，端接时双绞线的线序定义见表 4-1。跳线分为两种：直通跳线和交叉跳线。直通跳线就是普通跳线，用于计算机网卡与模块的连接、配线架与配线间的连接、配线架与 Hub 或交换机的连接，其两端的 RJ45 插头接线方式是相同的，两端都遵循 ANSI/TIA/EIA 568A 或 ANSI/TIA/EIA 568B 标准；而交叉跳线用于 Hub 与交换机等设备间的连接，其两端的 RJ45 插头接线方式是不同的，要求接线对调 1/2、3/6 线对，而其余线对依旧按照一一对应的方式安装。

表 4-1 双绞线的线序定义

线　序	1	2	3	4	5	6	7	8
ANSI/TIA/EIA 568A	白绿	绿	白橙	蓝	白蓝	橙	白棕	棕
ANSI/TIA/EIA 568B	白橙	橙	白绿	蓝	白蓝	绿	白棕	棕
线　对	同一线对		与 6 同一线对	同一线对		与 3 同一线对	同一线对	

在小型办公网络或家庭网络的安装中经常用到的双机互连跳线，其实就是交叉跳线，这种跳线并非综合布线系统中使用的标准跳线，而是一种特殊的硬件设备连接线。在两台计算机直接连接，或者两台 Hub 或两台交换机要通过 RJ45 接口对接时，就需要使用交叉跳线。它按照专门的连接顺序连接，一端遵循 ANSI/TIA/EIA 568A 标准，而另一端遵循 ANSI/TIA/EIA 568B 标准。

RJ45 交叉跳线的对接方法如下：

一端　　另一端
白——白绿
橙——绿
白绿——白橙
蓝——蓝
白蓝——白蓝
绿——橙
白棕——白棕
棕——棕

2. 材料

线缆材料包括线缆本身和连接它的插头。

1）RJ45 插头

RJ45 插头之所以被称为“水晶头”（图 4-24），是因为它外表晶莹透亮。双绞线的两端必须安装 RJ45 插头，以便插在网卡、Hub 或交换机的 RJ45 插槽中。制作网线所需要的 RJ45 插头前端有 8 个凹槽，简称“8P”（Position，位置）；凹槽内的金属接点共有 8 个，简称“8C”（Contact，接点或触点）。因此，业界对其有“8P8C”的别称。常见的和 RJ45 插头相近的有 RJ11 插头，RJ11 插头是电话线使用的插头，它有 4 个槽，以及 2 个或 4 个金属接点，对应的产品上需标有“4P2C”或“4P4C”。从侧面观察 RJ45 插头，可看到平行排列的金属片，共有 8 片，每片金属片前端都有个突出的透明框。按金属片的形状来区分，RJ45 插头又分为二叉式 RJ45 插头和三叉式 RJ45 插头。RJ45 插头的一侧带有一条具有弹性的卡栓，用来将插头固定在 RJ45 插槽中。其相对的一面有 8 个金属接点，也称引脚，引脚排列如图 4-24 所示。RJ45 插头虽小，但在网络中非常重要，网络故障中有相当一部分就是因为 RJ45 插头质量不好而造成的。质量差的 RJ45 插头主要有以下表现。

（1）金属接点是镀铜的，容易生锈，易造成接触不良、网络不通。

（2）塑料扣片不紧（通常是变形所致），也很容易造成接触不良、网络中断。

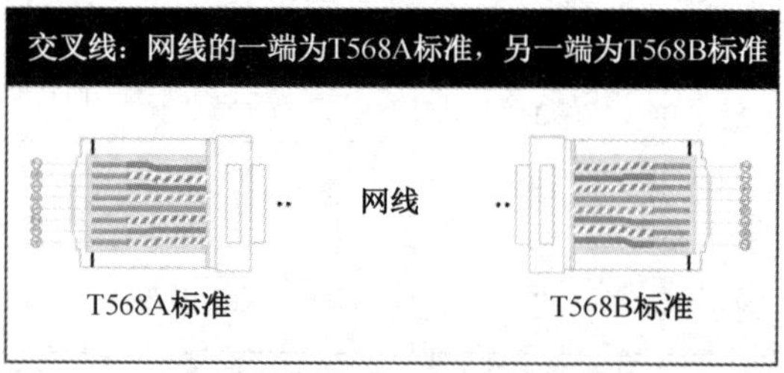

图 4-24　RJ45 插头及其引脚排列

说明

图 4-24 中的引脚顺序不是随便定的，把 RJ45 插头有金属弹片的一面朝上，塑料扣片朝下，插入 RJ45 插槽的一头朝外，从左到右依次为 1、2、3、4、5、6、7、8 脚。

2）双绞线电缆

在双绞线电缆产品家族中，主要的品牌有安普（AMP）、西蒙（Siemon）、朗讯（Lucent）、丽特（NORDX/CDT）、AVAYA 等。

3. 信息模块

在企业网络中通常不是直接将网线的插头插到集线器或交换机上，而是先把来自集线器或交换机的网线与信息模块连接在一起埋进墙中，这就涉及信息模块芯线排列顺序的问题，即跳线标准。

交换机或集线器与网络模块之间的网线连接方法遵循 ANSI/TIA/EIA 568 标准，它有 A、B 两种端接方式（IBM 公司的产品通常用端接方式 A，AT&T 公司的产品通常用端接方式 B）。两种端接方式所对应的接线顺序前面已经讲过，这里就不再重复了。

虽然从集线器或交换机到工作站的网线可以是不经任何跳线的直连线，但为了保证网络的高性能，最好同一网络采取同一种端接方式，包括信息模块和网线插头的端接。因为在信息模块各线槽中都有相应的颜色标注，所以只需选择相应的端接方式，再按模块上的颜色标注把相应的芯线卡入相应的线槽即可。

4. 线缆管道敷设

线缆管道敷设是网络布线工程中的一项重要工作，应视工程条件、环境特点和线缆类型、数量等因素，按照运行可靠、便于维护和经济合理的原则来进行。下面以金属管线为例进行介绍。

1）金属管的敷设

（1）金属管的要求。

金属管应符合设计文件的规定，表面无穿孔、裂缝和明显的凹凸不平，内壁光滑、无锈蚀。在易受机械损伤的地方和在受力较大处直埋时，应采用有足够强度的管材。

（2）金属管的切割套丝。

在配管时，应根据实际需要对管子进行切割。管子的切割可使用钢锯、管子切割刀或电动切管机，严禁使用气割。管子和管子连接，管子和接线盒、配线箱连接，都需要在管子端部进行套丝。套丝时，应先将管子在管钳上固定压紧，然后套丝，套完后应立即清扫管口，并将管口端面和内壁的毛刺锉光，使管口保持光滑。

（3）金属管的弯曲。

在敷设时，应尽量减少弯头。每根管的弯头不应超过3个，直角弯头不应超过2个，不允许出现S弯。金属管一般都使用弯管器进行弯曲，先将管子需要弯曲部位的前端放在弯管器内，焊缝放在弯曲方向背面或侧面，以防管子弯扁；然后用脚踩住管子，手扳弯管器便可得到所需要的弯度。暗管管口应光滑，并加有绝缘套管，管口伸出部位长度应为25～30mm。

（4）金属管的连接。

金属管连接应牢靠、密封良好，两管口应对准。套接的短套管或带螺纹的管接头的长度不应小于金属管外径的2.2倍。金属管的连接采用短套接时，施工简单方便；采用管接头螺纹连接则较美观，可保证金属管连接后的强度。金属管进入信息插座的接线盒后，暗埋管可用焊接方式固定，管口进入盒内的部位长度应小于5mm；明设管应用锁紧螺母或带丝扣的管帽固定，露出锁紧螺母的丝扣2～4扣。

（5）金属管的敷设要求。

① 金属管的暗设应符合下列要求。

预埋在墙体中间的金属管内径不宜超过50mm，楼板中的管径宜为15～25mm，直线布管30mm处设置暗线盒。敷设在混凝土、水泥里的金属管，其地基应坚实、平整、无沉陷，以保证敷设后的线缆安全运行。

金属管连接时，管孔应对准，接缝应严密，无水泥、砂浆渗入。

金属管道应有不小于0.1%的排水坡度。

建筑群之间金属管的埋设深度不应小于0.7m；在人行道下面敷设时，不应小于0.5m。

金属管内应安置牵引线或拉线。

金属管的两端应有标记，标明建筑物、楼层、房间和长度。

② 光缆与电缆同管敷设时，应在金属管内预置塑料子管。将光缆敷设在子管内，使光

缆和电缆分开布放，子管的内径应为光缆外径的 2.5 倍。

2）金属线槽的敷设

（1）线槽安装要求。

线槽安装位置应符合施工图规定，左右偏差视环境而定，最大偏差不应超过 50mm。

水平线槽每米偏差不应超过 2mm。

垂直线槽应与地面保持垂直，并无倾斜现象，垂直度偏差不应超过 3mm。

线槽节与节间用接头连接板拼接，螺钉应拧紧。两线槽拼接处水平度偏差不应超过 2mm。当直线段桥架超过 30m 或跨越建筑物时，应有伸缩缝。其连接宜采用伸缩连接板。

线槽转弯半径不应小于槽内线缆最小允许弯曲半径的最大者。

盖板应紧固。

支架和吊架应保持垂直、整齐、牢靠，无歪斜现象。

（2）预埋金属线槽敷设要求。

① 在建筑物中预埋线槽可采用不同的尺寸，按一层或两层设置，应至少预埋两根以上，线槽截面高度不宜超过 25mm。

② 线槽直埋长度超过 15m 或线槽路由交叉、转弯时宜设置拉线盒。

③ 拉线盒盖应能开启，与地面齐平，并采取防水措施。

④ 线槽宜采用金属管引入分线盒内。

（3）线槽支撑保护。

① 水平敷设时，支撑间距一般为 1.5～3m。垂直敷设时，固定在建筑物构体上的间距应小于 2m。

② 敷设金属线槽时，在下列位置应设置支架或吊架：线缆接头处、间距 3m 处、距离线槽两端口 0.5m 处、线槽走向改变或转弯处。

③ 在活动地板下敷设线缆时，活动地板内净高不应小于 150mm；如果活动地板内作为通风系统的风道使用，则地板内净高不应小于 300mm。

④ 在工作区的信息点位置和线缆敷设方式未定的情况下，或者在工作区地毯下布放线缆时，在工作区宜设置交接箱。

⑤ 垂直子系统线缆敷设支撑保护：线缆不得布放在电梯或管道竖井内，干线通道间应连通，弱电间中线缆穿过的每层楼板孔洞宜为方形或圆形。

⑥ 建筑群子系统线缆敷设支撑保护应符合设计要求。

4.8.2 光纤施工

1. 操作要求

在进行光纤接续或制作光纤连接器时，施工人员必须戴上眼镜和手套，穿上工作服，并保持环境洁净。

不允许观看已通电的光源、光纤及其连接器，更不允许用光学仪器观看已通电的光纤传输通道器件。

只有在断开所有光源的情况下，才能对光纤传输系统进行维护操作。

2. 光纤布线过程

首先，光纤的纤芯是石英玻璃的，极易折断，因此，在进行弯曲操作时，绝不允许超过最小的弯曲半径。其次，光缆的抗拉强度比电缆小，因此，在操作光缆时，不允许超过光缆的抗拉强度。在光缆敷设好以后，应先在设备间和楼层配线间将光缆捆接在一起，然后进行光纤连接。可以利用光纤端接装置、光纤耦合器、光纤连接器来建立模组化的连接。最后，通过性能测试来检验所有通道的有效性，并加上标签。

4.8.3 管理间与设备间施工

1. 双绞线配线设备的安装

1）机架安装要求

（1）机架安装完毕后，水平度、垂直度应符合生产厂家规定。无厂家规定时，垂直度偏差不应大于 3mm。

（2）机架上的各种零件不得脱落或损坏，各种标志应完整清晰。

（3）机架的安装应牢固，应按施工的防震要求进行加固。

（4）安装机架面板，架前应留 0.6m 空间，机架背面离墙面距离视其型号而定，应便于安装和维护。

2）配线架安装要求

（1）采用下走线方式时，架底位置应与电缆上的线孔相对应。

（2）各直列垂直倾斜误差应不大于 3mm，底座水平误差每平方米应不大于 2mm。

（3）接线端子各种标记应齐全。

（4）交接箱或暗线箱宜设在墙体内。安装机架、配线设备接地体应符合设计要求。

2. 光纤配线设备

（1）光纤配线设备的使用应符合规定。

（2）光纤交接设备的型号、规格应符合设计要求。

（3）光纤交接设备的编排及标记名称应与设计相符。各类标记应统一，标记位置应正确、清晰。

4.9 任务实施——案例工程线缆施工

通过任务分析和相关知识学习，我们对线缆施工规则有了初步的了解，实际的工程施工要做好下面几项工作。

4.9.1 双绞线直通 RJ45 插头的制作

第 1 步：用网线钳（也可以用其他剪线工具）把 5 类双绞线的一端剪齐（最好先剪一段符合布线长度要求的网线），然后把剪齐的一端插入网线钳剥线口中，注意网线不能弯，应直插进去，直到顶住网线钳后面的挡位，稍微握紧网线钳慢慢旋转一圈，让刀口划开双绞线的保护胶皮，剥下胶皮，如图 4-25 所示。当然，也可使用专门的剥线工具来剥线。这里需要说明的是，在剥线完毕后，一定要仔细检查线芯的外皮是否受到损伤，如果线芯的外皮破了，一定要剪掉重来。

图 4-25　使用网线钳剥线

注意

网线钳挡位与剥线刀口之间的距离通常恰好为水晶头的长度，这样可以有效避免剥线过长或过短的情况发生。剥线过长，一方面不美观，另一方面网线因不能被水晶头卡住，容易松动；剥线过短，因有外包皮存在，水晶头插针不能与网线芯线完全接触，容易制作失败。

第 2 步：剥除外包皮后即可见到双绞线的 4 对芯线，每对的颜色各不相同。每对缠绕的芯线由一条染有相应颜色的芯线加上一条只染有少许相应颜色的白色相间芯线组成。4 条全色芯线的颜色为棕色、橙色、绿色、蓝色。将 4 对线按所需的线序打开并排列好。通常是用到哪对线就将该线对打开，而不是一次性将 8 根线全部打开再进行排列。这样做的原因是市场上有一部分双绞线颜色标记不是非常科学，白线是通过在线芯上隔一段距离设一个全色的漆点来标记的，有时两个漆点间的距离比较远。如果工程中所使用的双绞线是这种类型的，一次性将 8 根线全部打开再进行排列就会造成线序混乱。将每条芯线拉直，相互分开并并列排列后，用网线钳垂直于芯线排列方向剪齐（不要剪太长，剪齐即可），如图 4-26 所示。图中，自左至右的编号依次为 1、2、3、4、5、6、7、8。

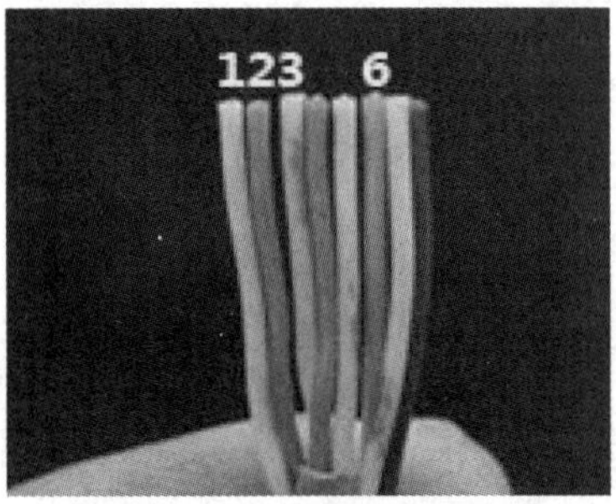

图 4-26　将芯线剪齐

第 3 步：左手水平握住水晶头（有塑料扣的一面朝下，开口朝右），然后把剪齐、并列排列的 8 条芯线对准水晶头开口并排插入水晶头中。注意，一定要将每条芯线都插到水晶头的底部，不能弯曲（因为水晶头是透明的，所以可以从水晶头有卡位的一面清楚地看到每条芯线所插入的位置）。

第 4 步：确认所有芯线都插到水晶头底部后，即可将水晶头直接放入网线钳压线缺口中，如图 4-27 所示。水晶头放好后即可压下网线钳手柄，一定要使劲，使水晶头的插针全部插入芯线之中并与之接触良好，然后用手轻轻拉一下网线与水晶头，查看是否压紧（最好多压一次，所压位置一定要正确）。

至此，这个 RJ45 插头就压接好了。

如图 4-28 所示为一条两端都制作好 RJ45 插头的网线，这是一条由专业公司用机器制作的双绞线网线。

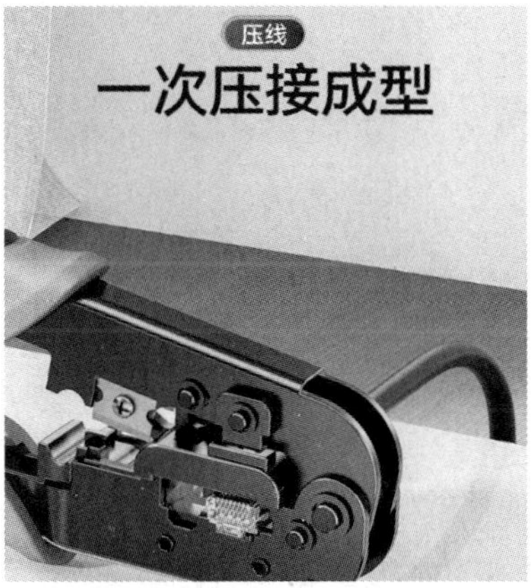

图 4-27　将水晶头放入网线钳压线缺口中

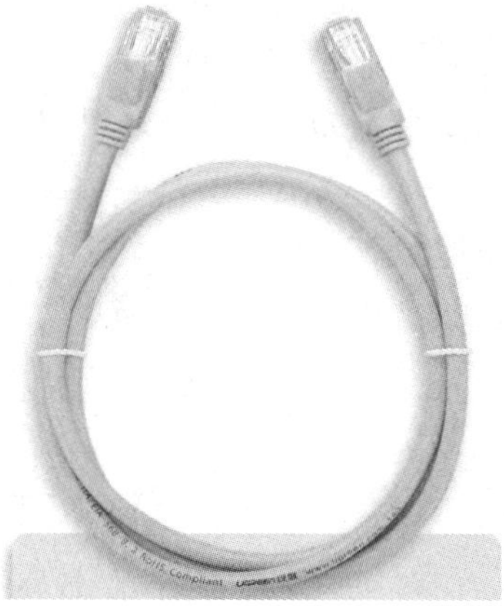

图 4-28　两端都制作好 RJ45 插头的网线

4.9.2　信息模块的制作

信息模块的制作步骤如下。

第 1 步：用剥线工具在离双绞线一端约 130mm 处把双绞线的外包皮剥去，如图 4-29 所示。

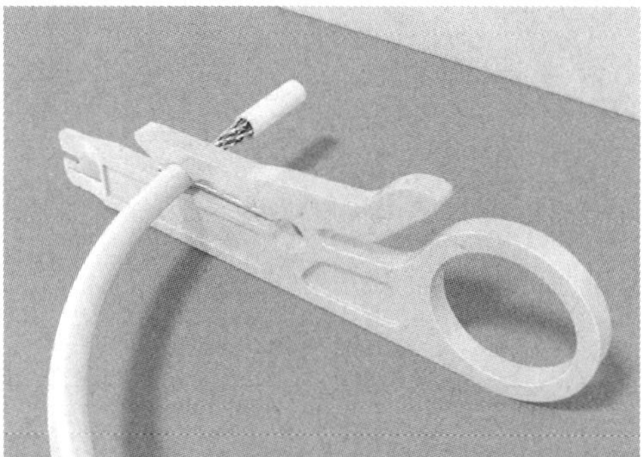

图 4-29　使用简易的专用剥线钳剥线

第 2 步：如果有信息模块打线保护装置，可将信息模块嵌入保护装置中，如图 4-30 所示。

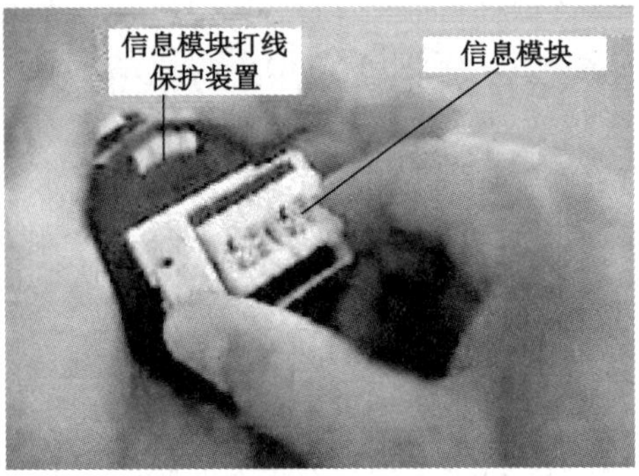

图 4-30　将信息模块嵌入保护装置中

第 3 步：把剥开的 4 对双绞线芯线分开，为了便于区分，此时最好不要拆开所有芯线线对，只有在卡相应芯线时才拆开。按照信息模块上所指示的芯线线序，拉直一小段对应的芯线，稍稍用力将芯线一一卡入相应的线槽内，如图 4-31 所示。

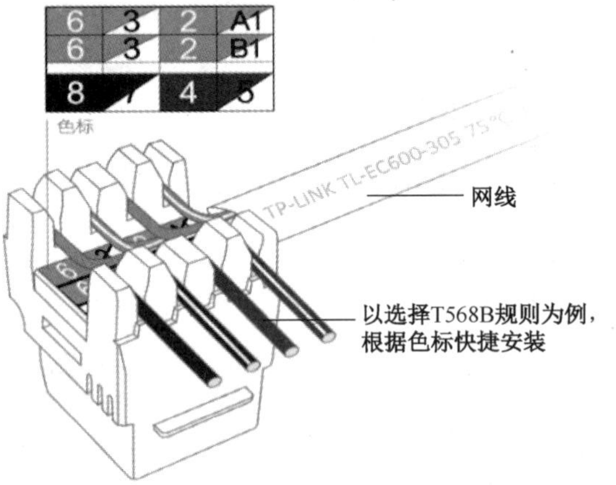

图 4-31　把芯线卡入信息模块线槽之中

第 4 步：全部芯线都卡好后即可用打线钳把芯线进一步压入线槽中（也可在第 3 步操作中完成一根即用打线钳压入一根，但效率较低），确保接触良好，如图 4-32 所示，然后打掉信息模块外多余的线。

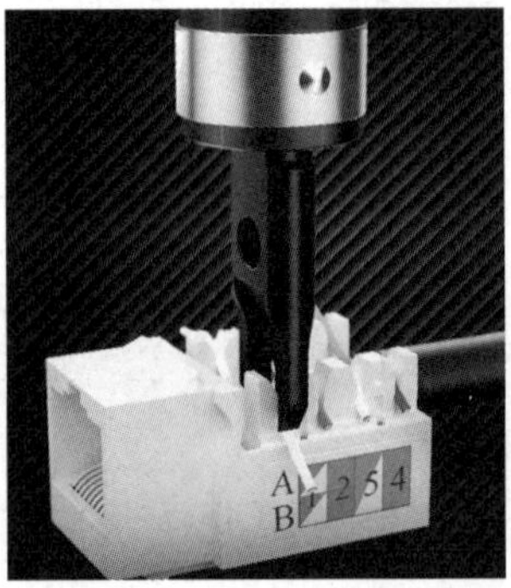

图 4-32　使用打线钳把芯线进一步压入线槽中

注意

通常情况下，信息模块上会同时标有 ANSI/TIA/EIA 568A 和 ANSI/TIA/EIA 568B 两种芯线线序，应当根据布线设计要求，与其他设备采用相同的线序。

第 5 步：将信息模块的塑料防尘片沿缺口穿入双绞线，并固定于信息模块上，如图 4-33 所示，压紧后即完成信息模块的制作。最后，将制作好的信息模块插入信息插座中。

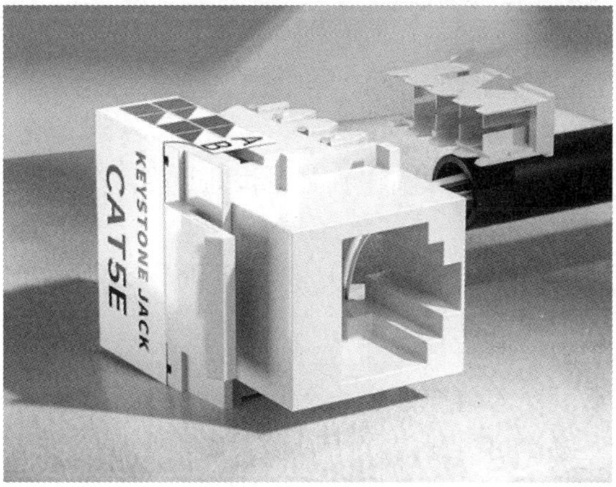

图 4-33　将塑料防尘片沿缺口穿入双绞线并固定于信息模块上

4.9.3　双绞线布线

1. 布线安全

施工人员应遵守以下规定。

（1）穿着合适的衣服。

（2）使用安全的工具。

（3）保证工作区的安全。

（4）制定施工安全措施。

2. 线缆布放的一般要求

（1）线缆布放前应核对规格、程序、路由及位置是否与设计要求相符合。

（2）布放的线缆应平直，不得产生扭绞、打圈等现象，不应受到外力挤压和损伤。

（3）在布放前，线缆两端应贴有标签，标明起始和终端位置及信息点的标号，标签书写应清晰、端正和正确。

（4）信号电缆、电源线、双绞线电缆、光缆及建筑物内其他弱电线缆应分开布放。

（5）布放线缆应有冗余。在二级交接间、设备间，双绞线电缆预留长度一般为 3～6m，工作区为 0.3～0.6m。特殊情况下应按设计要求预留足够长度。

（6）布放线缆时，在牵引过程中吊挂线缆的支点的间距不应大于 1.5m。

（7）线缆布放过程中为避免受力和扭曲，应制作合格的牵引端头。如果采用机械牵引，应根据线缆布放环境、牵引的长度、牵引张力等因素，选择使用集中牵引或分散牵引等方式。

3. 放线

（1）从线缆箱中拉线。

① 取下塑料塞。

② 通过出线孔拉出数米线缆。

③ 拉出所要求长度的线缆，割断它，将线缆滑回槽中，留数厘米伸出在外面。

④ 重新装上塑料塞以固定线缆。

（2）线缆处理（剥线）。

① 使用斜口钳在塑料外皮上切开“1”字形长缝。

② 找出尼龙扯绳。

③ 将线缆紧握在一只手中，用尖嘴钳夹紧尼龙扯绳的一端，并把它从线缆的一端拉开，拉开的长度根据需要而定。

④ 割去无用的线缆外皮（另一种方法是利用切环器剥开线缆）。

4. 线缆牵引

用一条拉线将线缆牵引穿入墙壁管道、吊顶和地板管道的过程称为线缆牵引。在施工中，应使拉线和线缆的连接点尽量平滑，所以要采用电工胶带在连接点外面紧紧地缠绕，以保证平滑和牢靠。

（1）牵引多条4对双绞线电缆。

① 将多条线缆聚集成一束，并使它们的末端对齐。

② 用电工胶带紧绕在线缆束外面，在末端绕5～6cm。

③ 将拉绳穿过电工胶带缠好的线缆，并打好结。

（2）如果在拉线缆的过程中连接点散开了，则要收回线缆和拉线，重新制作更加牢固的连接点。

① 除去一些绝缘层，露出5cm裸线。

② 将裸线分成两束。

③ 将两束裸线互相缠绕成环。

④ 将拉绳穿过此环并打结，然后用电工胶带缠绕连接点，要缠得结实和平滑。

（3）牵引多条25对双绞线电缆。

① 剥除约30cm线缆护套，包括导线上的绝缘层。

② 使用斜口钳将线切去，留下约12根。

③ 将导线分成两个绞线组。

④ 将两组绞线交叉穿过拉线环，在线缆另一边建立一个闭环。

⑤ 将双绞线一端的线缠绕在一起使环封闭。

⑥ 用电工胶带紧紧地缠绕线缆，覆盖长度约5cm，然后继续绕上一段。

5. 建筑物水平线缆布放

（1）管道布线。

管道布线是在浇筑混凝土时已把管道预埋在地板中，管道内有牵引线缆的钢丝或铁丝，施工时只需要通过管道图纸了解地板管道，就可确定施工方案。

对于没有预埋管道的新建筑物，布线施工可以与建筑物装潢同步进行，这样既便于布线，又不影响建筑物的美观。

管道一般从配线间埋到信息插座安装孔，施工时只要将双绞线固定在信息插座的接线端，从管道的另一端牵引拉线就可将线缆引到配线间。

（2）吊顶内布线。

① 索取施工图纸，确定布线路由。

② 沿着所设计的布线路由（在电缆桥架槽体内）打开吊顶，用双手推开每块镶板。

③ 将多个线缆箱并排放在一起，并使出线口向上。

④ 加标注（纸箱上可直接标注，线缆标注在末端），贴上标签。

⑤ 将长度合适的牵引线连接到一个带卷上。

⑥ 从离配线间最远的一端开始，将线缆的末端（捆在一起）沿着电缆桥架牵引经过吊顶走廊的末端。

⑦ 移动梯子，将拉线投向吊顶的下一孔，直至到达走廊的末端。

⑧ 将每两个箱子中的线缆拉出形成线缆对，并用胶带捆扎好。

⑨ 将拉线穿过 3 个用胶带缠绕好的线缆对，结成一个环，并用胶带将 3 对线缆与拉线捆紧。

⑩ 回到拉线的另一端，人工牵引拉线，将 6 条（3 对）线缆从线箱中拉出并经过电缆桥架牵引到配线间。

⑪ 对下一组（另外 3 对）线缆重复进行第⑧步中的操作。

⑫ 将剩下的线缆组添加到拉线上，牵引它们向前直到走廊末端，再牵引这些线缆一直到达配线间连接处。

⑬ 当线缆在吊顶内布完后，还要通过墙壁或墙柱的管道将线缆向下牵引至信息插座安装孔。将双绞线用胶带缠绕成紧密的一组，将其末端送入预埋在墙壁中的 PVC 圆管内并往下压，直到在插座孔处露出 25～30mm。

4.9.4 双绞线的端接和信息插座的安装

1. 双绞线端接的一般要求

（1）端接前必须检查线缆标签颜色和数字的含义，并按顺序端接。

（2）线缆中间不得有接头。

（3）线缆端接处必须卡接牢靠、接触良好。

（4）线缆端接处应符合设计和厂家安装手册的要求。

（5）双绞线与连接硬件连接时，应认准线号、线位色标，不得颠倒或错接。

2. 超 5 类模块化配线板的端接

（1）把配线板依次固定在标准机柜的垂直滑轨上，每个配线板须配有一个 19U 配线管理架。

（2）整理线缆。用扎带将线缆固定在配线板的导入边缘上，最好是将线缆固定在垂直通道的挂架上，这样可避免在线缆移动期间发生线对变形。

（3）从右到左穿过线缆，并按背面数字的顺序端接线缆。

（4）将每条线缆切去所需长度的外皮，以便进行线对的端接。

（5）对每组连接块，设置线缆通过末端的保持器（或用扎带扎紧），这样可确保线对在线缆移动时不变形。

（6）弯曲线对时要保持合适的张力，以防损坏线对。

（7）线对必须正确地安置到连接块的分开点上，这样可以保证线缆的传输性能。

（8）把线对依次放到配线板背面的索引条中，从右到左的色码依次为紫、紫/白、橙、橙/白、绿、绿/白、蓝、蓝/白。

（9）用手指将线对轻压到索引条的夹槽中，使用打线工具将线对压入配线模块并将伸出的导线头切断，然后用锥形钩清除切下的碎线头。

（10）将标签插到配线模块中，以标示此区域。

3. 信息插座的安装

信息插座应牢固地安装在平坦的地方，并盖有盖板。安装在活动地板或地面上的信息插座，应固定在接线盒内。插座面板有直立和水平等样式；接线盒有开启口，并可防尘。

安装在墙体上的信息插座，应高出地面 30cm，若地面采用活动地板，应加上活动地板内净高尺寸。固定螺钉须拧紧，不得有松动现象。

信息插座应有标签，以颜色、图形、文字表示所接终端设备的类型。本任务采用 ANSI/TIA/EIA 568A 标准接线方式。

4.9.5 光纤施工

光缆布放应平直，无扭绞、打圈等现象，无外力挤压和损伤。光缆布放前，其两端应贴有标签，以表明起始和终端位置。标签应书写清晰、端正和正确。最好以直线方式敷设光缆，如有拐弯，光缆的弯曲半径在静止状态下至少应为光缆外径的 10 倍，在施工过程中至少应为 20 倍。

1. 光缆敷设

1）通过弱电井垂直敷设

在弱电井中敷设光缆有两种选择：向上牵引或向下垂放。

通常，向下垂放比向上牵引容易一些。向下垂放应按以下步骤进行。

（1）在离建筑顶层设备间的槽孔 1～1.5m 处安放光缆卷轴，以使卷轴在转动时能控制光缆。将光缆卷轴安置于平台上，以便确保光缆与卷轴轴心始终都是垂直的。放置卷轴时要使光缆的末端在其顶部，然后从卷轴顶部牵引光缆。

（2）转动光缆卷轴，并将光缆从其顶部牵出。牵引光缆时，要保证不超过规定的最小弯曲半径和最大张力。

（3）引导光缆进入敷设好的电缆桥架。

（4）慢慢地从光缆卷轴上牵引光缆，直到下一层的施工人员可以接到光缆并引入下一层为止。在每一层重复以上步骤，当光缆到达底层时，要使光缆松弛地盘在地上。在弱电间敷设光缆时，为了减少光缆上的负荷，应按一定的间隔（如 5.5m）用扎带将光缆扣牢在墙壁上。采用这种方法时，要小心地捆扎光缆，不要弄断光纤。为了避免弄断光纤及产生附加的传输损耗，在捆扎光缆时不要碰破光缆外护套，固定光缆的步骤如下。

① 使用塑料扎带，由光缆的顶部开始，将干线光缆扣牢在电缆桥架上。

② 由上往下，按指定的间隔绑扎扎带，直到干线光缆被牢固地捆扎好。

③ 检查光缆外护套有无破损，盖上桥架的外盖。

2）通过吊顶敷设

本任务中，从弱电井到配线间的这段路径一般采用走吊顶（电缆桥架）敷设的方式。

（1）沿着光缆敷设路径打开吊顶。

（2）利用工具切去光缆的外护套。

（3）将光纤及加固芯切去并掩埋在外护套中，只留下纱线。对待敷设的每条光缆重复以上过程。

（4）将纱线与带子扭绞在一起。

（5）用胶布紧紧地将长 20cm 的光缆外护套缠住。

（6）将纱线送到合适的夹子中，直到被带子缠绕的外护套全被塞入夹子中为止。

（7）将带子绕在夹子和光缆上，将光缆牵引到所需的地方，并留下足够长的光缆供后续处理用。

2. 光纤端接的主要材料

（1）连接器件。

（2）套筒：黑色用于直径 3.0mm 的光纤，银色用于直径 2.4mm 的光纤。

（3）缓冲层光纤、光缆支持器（引导）。

（4）带螺纹帽的扩展器。

（5）保护帽。

3. 组装标准光纤连接器的方法

1）ST 型护套光纤连接器的安装

（1）打开材料袋，去除连接体和后壳罩。

（2）转动安装平台，使安装平台打开，用所提供的安装平台底座把安装工具固定在一张工作台上。

（3）把连接体插入安装平台插孔内，释放拉簧朝上；把连接体的后壳罩向安装平台插孔内推，当前防护罩全部被推入安装平台插孔后，顺时针旋转连接体 1/4 圈，并锁紧在此位置上，防护罩留在上面。

（4）在连接体的后壳罩上拧紧松紧套（捏住松紧套有助于插入光纤），将后壳罩带松紧套的细端套在光纤上，挤压套管沿着芯线方向向前滑动。

（5）用剥线器从光纤末端剥去 40～50mm 的外护套，外护套必须剥干净，端面呈直角。

（6）使纱线头离开缓冲层集中向后，在护套末端的缓冲层上做标记。

（7）在裸露的缓冲层处握住光纤，把离光纤末端 6mm 或 11mm 标记处的 900μm 缓冲层剥去（为了不损坏光纤，应从光纤上一小段一小段地剥去缓冲层，握紧护套可以防止光纤移动）。

（8）用一块蘸有酒精的纸或布小心地擦洗裸露的光纤。

（9）将纱线抹向一边，把缓冲层压在光纤切割器上，在缓冲层末端切割出 7mm 光纤，用镊子取出废弃的光纤，并妥善地置于废物瓶中。

（10）把切割后的光纤插入显微镜的边孔里，检查切割是否合格（把显微镜置于白色面板上，可以获得更清晰的图像，还可用显微镜的底孔来检查连接体的末端套圈）。

（11）从连接体上取下后端防尘罩并扔掉。

（12）检查缓冲层上的参考标记位置是否正确。把裸露的光纤小心地插入连接体内，直到感觉光纤碰到了连接体的底部为止，用固定夹子固定光纤。

（13）按压安装平台的活塞，慢慢地松开活塞。

（14）把连接体向前推动，并逆时针旋转连接体 1/4 圈，以便从安装平台上取下连接体。把连接体放入打褶工具，并使之平直。用打褶工具的第一个刻槽在缓冲层上的缓冲褶皱区打上褶皱。

（15）重新把连接体插入安装平台插孔并锁紧，把连接体逆时针旋转 1/8 圈，小心地剪去多余的纱线。

（16）在纱线上滑动挤压套管，保证挤压套管紧贴在连接到连接体后端的扣环上，用打摺工具中间的刻槽给挤压套管打摺。

（17）松开芯线，将光纤弄直，推后壳罩使之与前套结合，正确插入时能听到一声轻微的响声，此时可从安装平台上卸下连接体。

2）SC 型护套光纤连接器的安装

（1）打开材料袋，取出连接体和后壳罩。

（2）转动安装平台，使安装平台打开，用所提供的安装平台底座把安装工具固定在一张工作台上。

（3）把连接体插入安装平台插孔内，释放拉簧朝上；把连接体的后壳罩向安装平台插孔内推，当前防尘罩全部被推入安装平台插孔后，顺时针旋转连接体 1/4 圈，并在此位置上锁紧，防尘罩留在上面。

（4）将松紧套套在光纤上，挤压套管沿着芯线方向向前滑动。

（5）用剥线器在光纤末端剥去 40～50mm 的外护套，外护套必须剥干净，端面呈直角。

（6）将纱线头集中拢向 900μm 缓冲光纤后面，在缓冲层上做第一个标记（如果光纤直径小于 2.4mm，就在保护套末端做标记，否则在束线器上做标记）和第二个标记（如果光纤直径小于 2.4mm，就在 6mm 和 17mm 处做标记，否则在 4mm 和 15mm 处做标记）。

（7）在裸露的缓冲层处握住光纤，把光纤末端到第一个标记处的 900μm 缓冲层剥去（为了不损坏光纤，应从光纤上一小段一小段地剥去缓冲层，握紧护套可以防止光纤移动）。

（8）用一块蘸有酒精的纸或布小心地擦洗裸露的光纤。

（9）将纱线抹向一边，把缓冲层压在光纤切割器上，在缓冲层末端切割出 7mm 光纤，用镊子取出废弃的光纤，并妥善地置于废物瓶中。

（10）把切割后的光纤插入显微镜的边孔里，检查切割是否合格（把显微镜置于白色面板上，可以获得更清晰的图像，还可用显微镜的底孔来检查连接体的末端套圈）。

（11）从连接体上取下后端防尘罩并扔掉。

（12）检查缓冲层上的参考标记位置是否正确。把裸露的光纤小心地插入连接体内，直到感觉光纤碰到了连接体的底部为止。

（13）按压安装平台的活塞，慢慢地松开活塞。

（14）小心地从安装平台上取出连接体，以便松开光纤。把打摺工具松开，放置于多用工具突起处并使之平直，使打摺工具保持水平，并适当地拧紧（听到三声轻响）。把连接体装入打摺工具的第一个刻槽，多用工具突起处指向打摺工具的柄，在缓冲层的缓冲褶皱区用力打上褶皱。

（15）抓住处理工具（轻轻）拉动，使滑动部分露出约 8mm，然后取出处理工具并扔掉。

（16）轻轻朝连接体方向拉动纱线，并使纱线排列整齐。在纱线上滑动挤压套管，将纱线均匀地绕在连接体上，从安装平台上小心地取下连接体。

（17）抓住主体的环，使主体滑入连接体的后部，直到它到达连接体的挡位。

4. 光纤熔接

光纤熔接就是利用高压放电将光纤熔化，使之相互连接，通常要依靠精密的熔接设备。这种方法一般用于长途接续、永久或半永久固定连接，其主要特点是连接衰减在所有的连接方法中最低，一般为每个连接点 0.01～0.03dB；但连接时，需要专用设备（熔接机）和专业人员进行操作，而且连接点需要专用容器保护起来。

1）光纤熔接所需工具与材料

光纤熔接所需工具：熔接机、切割刀、剥线钳、凯夫拉线剪刀、斜口剪、螺钉旋具、酒精棉等。

光纤熔接所需材料：接续盒、熔接尾纤、耦合器、热缩套管等。

2）光纤熔接的方法

第 1 步：准备好相关工具。

光纤熔接不仅需要专业的熔接工具，还需要很多辅助工具，如剪刀、竖刀等，如图 4-34 所示。信息学院信息中心楼（2 号楼）通过光纤收容箱（图 4-35）来固定光纤，将户外接入的用黑色保护外皮包裹的光纤从光纤收容箱的后方接口放入光纤收容箱中，将光纤环绕并固定，以防日常使用松动。

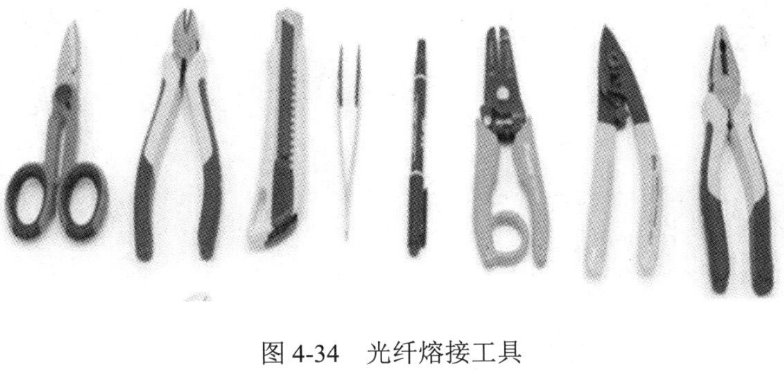

图 4-34　光纤熔接工具

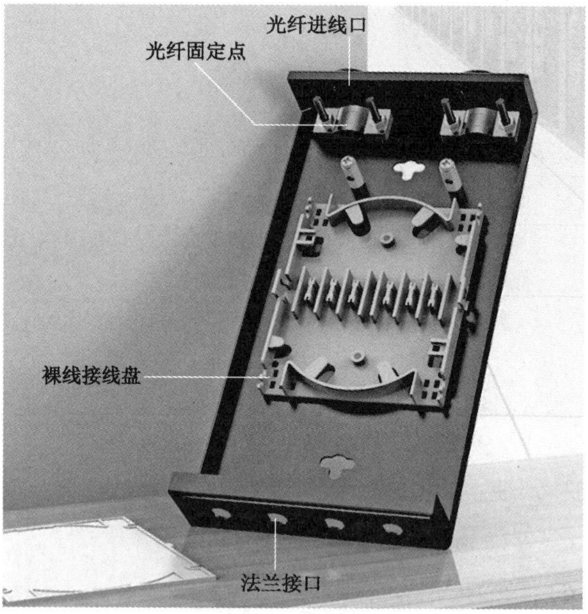

图 4-35　光纤收容箱

第 2 步：剥皮。

将黑色的光纤外皮剥去，如图 4-36 所示，大概去掉 1m。

使用美工刀将光纤保护层去掉，如图 4-37 所示。要特别注意的是，由于光纤线芯是用玻璃丝制作的，因此很容易被弄断，一旦弄断就不能正常传输数据了。

图 4-36　光纤剥外皮

图 4-37　去掉光纤保护层

第 3 步：清洁。

不管剥皮时多小心也不能保证光纤没有被污染，因此在熔接工作开始之前必须对光纤进行清洁。比较普遍的方法是用纸巾沾上酒精擦拭光纤，如图 4-38 所示。

第 4 步：套接。

清洁完毕后，要给需要熔接的两根光纤分别套上热缩套管，如图 4-39 所示。将不同束管、不同颜色的光纤分开，穿过热缩套管。剥去涂覆层的光纤很脆弱，使用热缩套管可以保护光纤熔接头。

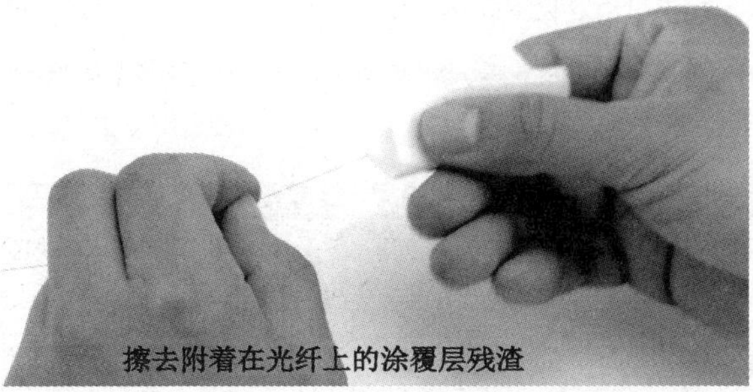

图 4-38 清洁光纤

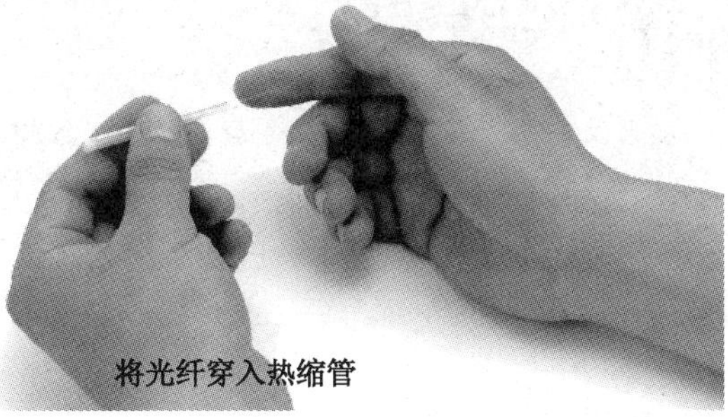

图 4-39 光纤套接

第 5 步：熔接。

打开熔接机电源，使用预置的各种程序进行熔接，并在使用中和使用后及时去除熔接机中的灰尘、各镜面和 V 形槽内的粉尘和光纤碎末。光纤分常规型单模光纤、多模光纤和色散位移单模光纤，熔接前要根据线路中使用的光纤选择合适的熔接程序。如无特殊情况，一般选用自动熔接程序。光纤端面制作的好坏直接影响接续质量，所以在熔接前一定要制作合格的端面。用专用的剥线钳剥去涂覆层，再用沾酒精的清洁棉在裸纤上擦拭几次，用力要适度；然后用精密光纤切割刀切割光纤，对 0.25mm（外涂层）光纤，切割长度为 8～16mm，对 0.9mm（外涂层）光纤，切割长度为 16mm；将光纤放在熔接机的 V 形槽中，如图 4-40 所示，小心地压上光纤压板，要根据光纤切割长度调整光纤在压板中的位置，一般将光纤切割端面放置在距离电极尖端 1mm 处，关上防风罩，然后按 SET 键开始熔接。

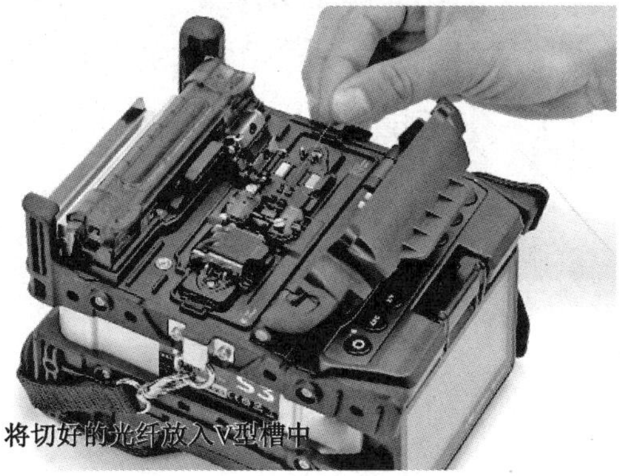

图 4-40 熔接准备

如图 4-41 所示，可以在熔接机的显示屏上看到两端玻璃丝的对接情况，如果对得有点歪，机器会自动调节对正。当然，也可以通过 X、Y 键手动调节位置。等待几秒钟后即可完成光纤的熔接工作。

图 4-41 熔接

第 6 步：包装。

熔接完的光纤玻璃丝还露在外头，很容易折断，这时需要使用前面套上的热缩套管进行固定。打开防风罩，把光纤从熔接机上取出，将热缩套管放在裸纤中心，再将套好热缩套管的光纤放到加热器中，按 HEAT 键开始加热，如图 4-42 所示，过 10s 后就可以拿出来，至此就完成了光纤熔接工作。接下来，需要把熔接好的光纤放置在光纤收容箱中。将接续好的光纤盘到光纤收容盘上。盘纤时，盘圈的半径越大、弧度越大，整个线路的损耗越小，所以一定要保持一定的半径，建议使用 650nm 激光源进行测试，如果红光泄漏严重，则说明盘纤半径需要调整。室外接续盒一定要密封好，防止进水。接续盒进水后，由于光纤及光纤熔接点长期浸泡在水中，可能会导致光纤衰减增加。

图 4-42 光纤包装

3）影响光纤接续损耗的主要因素

为了更好地掌握光纤熔接技术，还需要了解影响光纤接续损耗的主要因素。影响光纤接续损耗的因素较多，大体可分为以下几类。

（1）光纤本征因素（光纤自身因素）。

① 光纤模场直径不一致。

② 两根光纤芯径失配。

③ 纤芯截面不圆。

④ 纤芯与包层同心度不佳。

其中，光纤模场直径不一致影响最大。按（国际电报电话咨询委员会 CCITT）的建议，单模光纤的容限标准如下。

① 模场直径：[（9～10）±（1±10%）] μm，即容限约±1μm。

② 包层直径：（125±3）μm。

③ 模场同心度误差小于或等于 6%，包层不圆度小于或等于 2%。

（2）非本征因素。

① 轴心错位：单模光纤纤芯很细，两根对接光纤轴心错位会影响接续损耗。当错位 1.2μm 时，接续损耗达 0.5dB。

② 轴心倾斜：当光纤断面倾斜 1° 时，约产生 0.6dB 接续损耗。如果要求接续损耗小于或等于 0.1dB，则单模光纤的倾角应小于或等于 0.3°。

③ 端面分离：活动连接器的连接不好，很容易产生端面分离，造成接续损耗较大。当熔接机放电电压较低时，也容易产生端面分离，此情况一般出现在有拉力测试功能的熔接机中。

④ 端面质量：光纤端面的平整度差也会产生接续损耗。

⑤ 接续点附近光纤物理变形：光缆在架设过程中拉伸变形，接续盒中夹固光缆压力太大等，都会对接续损耗有影响，甚至熔接几次都不能改善。

（3）其他因素。

接续人员的操作水平、操作步骤、盘纤工艺水平、熔接机中电极清洁程度、熔接参数设置、工作环境清洁程度等均会影响接续损耗。

4）降低光纤接续损耗的措施

（1）一条线路上尽量采用同一批次的优质名牌裸纤。

对于同一批次的光纤，其模场直径基本相同，光纤在某点断开后，两端的模场直径可视为一致，因而在此断开点熔接可使模场直径对光纤接续损耗的影响降到最低程度。因此，要求光缆生产厂家使用同一批次的裸纤，按要求的光缆长度连续生产，在每盘上顺序编号并分清 A、B 端，且不得跳号。敷设光缆时须按编号沿确定的路由依次布放，并保证前盘光缆的 B 端和后盘光缆的 A 端相连，从而保证接续时能在断开点熔接，并使接续损耗达到最小。

（2）光缆架设按要求进行。

在光缆敷设施工中，严禁光缆打小圈及弯折、扭曲，3km 光缆必须 80 人以上施工，4km 光缆必须 100 人以上施工，并配备 6～8 部对讲机；另外，“前走后跟，光缆上肩”的放缆方法能够有效地防止打背扣的发生。牵引力要求不超过光缆允许牵引力的 80%，瞬间最大牵引力要求不超过允许值，牵引力应加在光缆的加强件上。敷设光缆应严格按光缆施工要求进行，从而最大限度地降低光缆施工中光纤受损的概率，避免光纤受损导致接续损耗增大。

（3）挑选经验丰富、训练有素的光纤接续人员进行接续。

现在大多使用熔接机自动熔接，但接续人员的水平直接影响接续损耗的大小。接续人员应严格按照光纤熔接工艺流程图进行接续，并且熔接过程中应一边熔接一边用 OTDR 测试熔接点的接续损耗。不符合要求的应重新熔接。对接续损耗较大的点，应反复熔接，次数以 3 次或 4 次为宜。多根光纤接续损耗都较大时，应剪除一段光缆，重新开缆熔接。

（4）接续光纤应在洁净的环境中进行。

严禁在多尘及潮湿的环境中露天操作；光纤接续部位及工具、材料应保持清洁；不得让光纤接头受潮，准备切割的光纤必须清洁，不得有污物；切割后的光纤不得在空气中暴露时间过长，尤其是在多尘、潮湿的环境中。

（5）选用精度高的光纤端面切割器来制作光纤端面。

光纤端面的好坏直接影响接续损耗的大小，切割的光纤端面应为平整的镜面，无毛刺、无缺损。光纤端面的轴线倾角应小于 1°。高精度的光纤端面切割器不但可以提高光纤切割的成功率，也可以提高光纤端面的质量，这对 OTDR 测试不到的熔接点（OTDR 测试盲点）和光纤的维护、抢修尤为重要。

（6）正确使用熔接机。

熔接机的功能就是把两根光纤熔接到一起，所以正确使用熔接机也是降低光纤接续损耗的重要措施。应根据光纤类型正确、合理地设置熔接参数、预放电电流、预放电时间、主放电电流、主放电时间等，并且在使用中和使用后应及时去除熔接机中的灰尘，特别是夹具、各镜面和 V 形槽内的粉尘和光纤碎末。每次使用前应使熔接机在熔接环境中放置至少 15 分钟，特别是在放置环境与使用环境差别较大的情况下（如冬天的室内与室外），应根据当时的气压、温度、湿度等环境情况，重新设置熔接机的放电电压及放电位置，进行 V 形槽驱动器复位等调整。

4.9.6 设备间施工

1. 接插式配线架的端接

（1）第一个 110 配线架上要端接的 24 条线牵拉到位后，每个配线槽中放 6 条双绞线。左边的线缆端接在配线架的左半部分，右边的线缆端接在配线架的右半部分。

（2）在配线板内边缘处将松弛的线缆捆扎起来，保证单条线缆不会滑出配线板槽，以免线缆束松弛和不整齐。

（3）在配线板边缘处的每条线缆上标记一个新线的位置，这有利于下一步在配线板边缘处准确地剥去线缆的外皮。

（4）拆开线缆束并握紧，在每条线缆的标记处刻痕，然后将刻好痕的线缆束放回去，为盖上 110 配线板做准备。

（5）当 4 个线缆束全都刻好痕并放回原处后，用螺钉安装 110 配线架，开始进行端接（从第一条线缆开始）。

（6）在刻痕处外最少 15cm 处切割线缆，并将刻痕的外套滑掉。

（7）沿着 110 配线架的边缘将 4 对导线拉进前面的线槽中。

（8）拉紧并弯曲每一线对，使其进入索引条的相应位置，用索引条上的高齿将一对导线分开，在索引条最终弯曲处提供适当的压力使线对的变形最小。

（9）当上面两个索引条的线对安放好，并使其就位及切割后，进行下面两个索引条的线对安置。在 4 个索引条全部就位后，安装 110 连接模块。

2. 标识管理

标识管理是管理间子系统综合布线的一个重要组成部分。完整的标识应提供以下信息：建筑物的名称、位置、区号和起始点。综合布线使用 3 种标识：电缆标识、场标识和插入标识。其中，插入标识最常用。插入标识是硬纸片，通常由安装人员在需要时取下来使用。

（1）电缆标识由背面有不干胶的白色材料制成，可以直接贴到各种电缆表面，其尺寸和形状根据需要而定。可以利用电缆标识来辨别电缆的源发地和目的地。

（2）场标识也由背面有不干胶的材料制成，可贴在设备间、配线间、二级交接间和建筑物布线场的平整表面上。

（3）插入标识是硬纸片，可插在 1.27cm×20.32cm 的透明塑料夹里，这些塑料夹位于 110 接线块上的两个水平齿条之间。每个标识都用色标指明电缆的源发地，这些电缆端接于设备间和配线间的管理场。插入标识所用的底色及其含义如下。

设备间：

① 蓝色：从设备间到工作区的信息插座连接线。

② 白色：干线电缆和建筑群电缆。

③ 灰色：端接与连接干线到机房或其他设备间的电缆。

④ 绿色：来自电信局的输入中继线。

⑤ 紫色：来自 PBX 或数据交换机之类的公用系统设备连接线。

⑥ 黄色：各种引出线。

⑦ 橙色：多路复用输入。

⑧ 红色：关键电话系统。

⑨ 棕色：建筑群干线电缆。

主接线间：

① 白色：来自设备间的干线电缆端接点。

② 蓝色：到配线间 I/O 服务的工作区线路。

③ 灰色：到远程通信（卫星）接线间各区的连接电缆。

④ 橙色：来自卫星接线间各区的连接电缆。

⑤ 紫色：来自系统公用设备的线路。

4.10 同步训练

4.10.1 思考与练习

（1）综合布线施工前要做哪些准备工作？

（2）简述 ANSI/TIA/EIA 568B 跳线的制作步骤。

（3）简述信息插座端接的步骤。

（4）简述设备间施工要点。

4.10.2 实训

实训一：布线工具的使用

1. 实训题目

布线工具的使用。

2. 实训目的

了解各种布线工具的使用方法，重点掌握专业布线工具的使用方法。

3. 实训内容

使用各种布线工具。

4. 实训方法

在教师的指导下实际使用工具。

5. 实训总结

（1）根据实训情况，记录操作过程。
（2）按照附录所给实训报告样表填写报告。

实训二：双绞线跳线的制作

1. 实训题目

双绞线跳线的制作。

2. 实训目的

掌握双绞线跳线的制作方法。

3. 实训内容

每人制作两根跳线，一根为两端均为 ANSI/TIA/EIA 568B 线序的跳线，另一根为一端线序为 ANSI/TIA/EIA 568B、另一端线序为 ANSI/TIA/EIA 568A 的跳线。

4. 实训方法

用网线制作工具，按本书介绍的方法，在教师的指导下制作跳线。

5. 实训总结

（1）根据实训情况，记录操作过程。
（2）按照附录所给实训报告样表填写报告。

实训三：信息模块的制作

1. 实训题目

信息模块的制作。

2. 实训目的

掌握信息模块的制作方法。

3. 实训内容

完成信息模块的端接。

4. 实训方法

按本书介绍的方法，在教师的指导下完成实训。

5. 实训总结

(1) 根据实训情况，记录操作过程。

(2) 按照附录所给实训报告样表填写报告。

实训四：管线的敷设

1. 实训题目

管线的敷设。

2. 实训目的

掌握双绞线的敷设方法。

3. 实训内容

以组为单位，完成墙内 60m 管材的敷设，并在管材内完成双绞线的敷设（可根据实际情况适当设置弯角）。

4. 实训方法

按本书介绍的方法，在教师的指导下完成管线的敷设。

5. 实训总结

(1) 根据实训情况，记录操作过程。

(2) 按照附录所给实训报告样表填写报告。

实训五：配线架的连接

1. 实训题目

配线架的连接。

2. 实训目的

掌握配线架的连接方法。

3. 实训内容

完成信息模块与配线架的连接。

4. 实训方法

按本书介绍的方法，在教师的指导下完成配线架的连接。

5. 实训总结

（1）根据实训情况，记录操作过程。
（2）按照附录所给实训报告样表填写报告。

实训六：机柜的连接与使用

1. 实训题目

机柜的连接与使用。

2. 实训目的

掌握机柜的连接与使用方法。

3. 实训内容

完成配线架与机柜的连接。

4. 实训方法

按本书介绍的方法，在教师的指导下完成机柜的连接与使用。

5. 实训总结

（1）根据实训情况，记录操作过程。
（2）按照附录所给实训报告样表填写报告。

模块 5

综合布线系统测试与验收

学习目标

【知识目标】

◆ 熟悉几种常用测试仪的基本使用方法。
◆ 掌握双绞线网络的测试方法及技巧。
◆ 掌握光纤网络的测试方法及技巧。
◆ 了解综合布线系统工程验收的相关技术规范。
◆ 掌握综合布线系统工程验收的内容及方法。

【能力目标】

◆ 能够完成基本的布线测试操作。
◆ 能够完成综合布线系统的工程验收。

5.1 任务 1 综合布线系统测试

5.1.1 任务引入

施工结束后，需要完成施工项目测试。相关统计表明，网络系统故障中约 70%是布线工程的质量问题引起的。要保障工程质量，必须进行科学合理的设计、优选材料和高水平施工。施工项目测试是评价工程质量的重要方法。因此，必须合理、适时地进行施工项目测试来确保工程质量。在信息学院信息中心楼（2 号楼）的工程中，主要包括以下测试任务。

（1）双绞线网络的测试。

（2）光纤网络的测试。

5.1.2 任务分析

施工项目测试的主要目的是检查工程施工是否达到了工程设计的预期目标，网络线路的传输能力是否符合标准。目前，在国内的很多综合布线工程中，特别是一些小工程中，施工方经常会利用用户专业知识不足的缺陷，降低施工项目测试的标准，以达到降低工程成本的目的。具体做法往往为“以通代好”，在进行测试时只要线路通了就万事大吉。实际上，“通”并不意味着“好”，并不意味着施工达到了预期目标，只有通过专业的测试设备和检测方法得到了合格的测试数据，才能说项目合格了。在信息学院信息中心楼（2 号楼）的工程中，初期应使用能手测试仪进行链路连通性测试，而在工程验收阶段需要使用专业测试设备对所有线路进行精确的数据传输能力的测试。为了更好地进行施工项目测试，有必要了解一些相关知识。

5.2 相关知识——施工项目测试

在综合布线系统工程实施过程中，影响工程质量的因素很多，只有通过测试才能判断施工质量是否达到标准，它是系统验收的重要依据，测试工作是布线系统施工中很重要的一个环节。

5.2.1 布线测试分类

1. 验证测试

验证测试又称随工测试，即边施工边测试，主要检测线缆的质量和安装工艺，以便及时发现并纠正问题，避免在整个工程完工时才发现问题，导致工程返工，浪费不必要的人力、物力和资金。验证测试不需要使用复杂的测试仪，只需要能测试线路通断和线缆长度的测试仪。在工程竣工检查中，短路、反接、线对交叉、链路超长等问题约占整个工程质量问题的 80%，这些问题在施工初期通过重新端接、调换线缆、修正布线路由等措施比较容易解决；若等到完工验收阶段再发现这些问题，解决起来就比较困难。

2. 认证测试

认证测试又称验收测试，是所有测试工作中最重要的一项。通常在工程验收时，对布线系统的安装、电气特性、传输性能、工程设计、选材及施工质量进行全面检验。认证测试通常分为自我认证测试和第三方认证测试。

1）自我认证测试

自我认证测试是由施工方自行组织，按照施工设计方案对工程中的所有链路进行测试，确保每条链路都符合设计标准的要求。如果发现未达标准的链路，应进行整改，直至复测合格。同时，要编制测试技术档案，写出测试报告并提交建设方存档。测试记录应做到准确、完整、规范，便于查阅。由施工方组织的认证测试，可邀请设计方、施工监理方参与，建设单位也应派遣网管人员参加，以便了解整个测试过程，方便日后系统的管理与维护。

认证测试是设计方、施工方对所承担的工程进行的总结性质量检验，施工单位承担认证测试工作的人员应经过测试设备供应商的技术培训并获得认证资格。例如，使用 Fluke 公司的 DSP-4000 系列测试仪，必须获得 Fluke 布线系统测试工程师（Certified Cabling Test Technician，CCTT）资格认证。

2）第三方认证测试

布线系统工程是网络系统工程中的基础性工程，工程质量直接决定建设方网络能否按设计要求顺利开通运行，网络系统数据能否正常传输。随着支持吉比特以太网的超 5 类及 6 类综合布线系统的推广应用和光纤在综合布线系统中的大量应用，对工程施工的工艺要求越来越高。

越来越多的建设方既要求布线施工方提供布线系统工程的自我认证测试，也委托第三方对布线系统工程进行验收测试，以确保布线施工的质量符合综合布线系统验收质量管理规范。

第三方认证测试目前采用以下两种做法。

（1）对工程质量要求高、使用器材类别多、投资较大的工程，建设方除要求施工方做自我认证测试外，还会邀请第三方对工程做全面的验收测试。

（2）建设方在要求施工方做自我认证测试的同时，请第三方对综合布线系统工程中的链路做抽样测试。按工程大小确定抽样样本数量，一般 1000 个信息点及以上的抽样 30%，1000 个信息点以下的抽样 50%。

5.2.2 认证测试标准

布线系统工程测试与布线系统工程标准紧密相关。近年来，布线系统工程标准发展很快，主要是由于有像千兆以太网这样的应用需求在推动着布线系统性能的提高，对新布线标准提出了迫切的需求。布线系统的测试标准随着计算机网络技术的发展而不断变化，先后使用过的标准有 ANSI/TIA/EIA TSB-67 现场测试标准、ANSI/TIA/EIA TSB-95 现场测试标准、ANSI/TIA/EIA 568 A-5-2000 网络测试标准、GB 50312—2016 等。

2001 年 3 月通过的 ANSI/TIA/EIA 568 B 标准，集合了 ANSI/TIA/EIA 568A、TSB-67、TSB-95 等标准的内容，现已成为新的布线测试标准。该标准对布线系统测试的连接方式重新进行了定义，放弃了原测试标准中的基本链路方式，对于不同的网络类型和网络电缆，其技术标准和所要求的测试参数是不一样的。2002 年 6 月，ANSI/TIA/EIA 568B.2-1-2002 铜缆双绞线 6 类线标准正式出台。6 类布线系统的测试标准与 5 类布线系统相比在许多方面都有较大的超越，提出了更为严格、全面的测试指标体系。

5.2.3 测试链路模型

在对综合布线系统进行测试之前需要确定测试链路模型。对于传统测试来说，布线系统测试链路模型有基本链路（Basic Link）模型和信道链路（Channel Link）模型。推出超 5 类线缆以后，由于基本链路模型存在一些缺陷，已经将其废弃。按照 ANSI/TIA/EIA 568B. 2-1-2002 标准，网络综合布线系统测试链路模型目前有以下两种。

1. 永久链路模型

ANSI/TIA/EIA 568A 标准中所定义的测试链路模型为基本链路模型，基本链路最大长度为 94m，其中包含两根共 4m 长的测试跳线，这两根跳线由测试设备提供。如果这两根测试跳线出现问题（如摆放不正确或损坏），就会直接影响测试结果。

永久链路模型是由 ISO/IEC 11801 和 EN 50173 标准定义的链路模型，即测试模型的连接模式。永久链路是指建筑物中的固定布线部分，即从交接间配线架到用户端的墙上信息插座（TO）的连线（不含两端的设备连线），最大长度为 90m。

2. 信道链路模型

信道包括从网卡到局域网集线器或交换器的所有设备。信道链路模型包括从用户网络设备到配线间的所有组件，这种测试模型反映了用户实际使用的布线系统的性能。它包括系统集成商安装的“永久链路”，还包括两端的跳线，能够比较客观地反映用户实际应用时完整链路的性能，信道测试采用原装跳线，测试时整个系统可以达到最好的性能匹配。

5.2.4 常用测试参数

现在常用的专业测试仪器多采用英文版界面，因此有必要对其中的一些测试参数进行介绍。

1. ACR

这表示衰减串扰比，衰减串扰比是衰减与串扰的比值。性能好的电缆所对应的衰减串扰比较大。

2. Anomaly

这表示阻抗异常。若网络中某处的电缆阻抗发生了突变，便会在此处出现阻抗异常。

3. Attenuation

这表示衰减，衰减指信号强度的减弱程度。

4. Channel

这表示信道连接。信道连接是一种网络连接。

与基本连接相比，信道连接的电缆测试极限要宽松些，因为信道连接允许在水平跨接处有两个接点，而且在信息插座旁有一个附加的连接器。

5. Crossed Pair

这表示错对，错对是双绞线电缆中的一种接线错误。当电缆一端的线对错接到电缆另一端的不同线对上时，就发生了错对。

6. Crosstalk

这表示串扰，即相邻的电缆对间不需要的传输信号。当电子信号通过相邻的电缆对进行传输时会产生电磁场，从而引起串扰。

7. Impedance

这表示阻抗，阻抗是交流信号的阻力，它是由电容和电感引起的。与电阻不同的是，阻抗是随所施加的交流信号的频率变化而变化的。

8. Impedance Discontinuity

这表示阻抗的不连续性。当电缆的特性阻抗发生突变时，就出现了阻抗的不连续性。阻抗的不连续性可能是由接线不良、电缆型号不匹配，以及双绞线电缆中有扭开部分等引起的。阻抗的不连续性又称阻抗异常。

9. Inductance

这表示电感，电感是设备具有的阻止电流变化的属性，它会引起信号衰减。

10. Near-End Crosstalk（NEXT）

这表示近端串扰。当通过一对电缆发送的信号被另一对电缆作为串扰接收时，就会产生耦合。近端串扰表示耦合能减少的程度。近端串扰的值越大，相应的电缆性能就越好。

11. Power Sum NEXT（PSNEXT）

这表示一对电缆从其他电缆对接收到的综合串扰。

12. Return Loss（RL）

这表示回波损耗。在电缆中，回波损耗是由信号反射引起的信号强度损耗。电缆的回波损耗值表明在一定频率范围内电缆的特性阻抗与标称的阻抗相匹配的程度。

13. Reversed Pair

这表示反接。反接是双绞线电缆中的一种接线错误，即电缆端连接器间电缆对的线芯反接。

14. Split Pair

这也是双绞线电缆中的一种接线错误，即一个电缆对中的线与另一个电缆对中的线相互绞接。虽然线对与线对的连接是正确的，但因为电缆周围的电磁场无法彻底消除，所以绞接会引起过量的串扰。

15. TDR

这表示时域反射，时域反射是用来查找电缆故障、测量电缆长度及特性阻抗的一种技术。向电缆发射的测试脉冲会被阻抗断点（如短路或开路）反射回来。根据测试脉冲与反射脉冲间的持续时间和对反射脉冲形状的分析，可以确定电缆的特性阻抗。

16. TDX

这表示时域串扰，时域串扰分析可以找出电缆中近端串扰源的位置。这项测量技术是Fluke公司的专利。

17. Terminator

这表示终端负载，终端负载是与同轴电缆的端点相连接的电阻。它用来与电缆的特性阻抗相匹配，从而消除电缆中的信号反射。

5.3 任务实施——案例工程项目测试

为了能够顺利实施信息学院信息中心楼（2 号楼）的布线工程测试任务，我们首先要掌握常见的几种网络测试设备的用途、类型及应用领域；其次，要掌握专业测试设备的各种重要相关参数；最后，要能够使用相关设备进行网络性能测试，并能准确地给出测试的数据。

5.3.1 常用的网络测试设备

1. 能手测试仪

这是最常见的一种低端测试仪器，如图 5-1 所示。这种测试仪功能相对简单，通常只用于测试网络的通断情况，可以完成双绞线和同轴电缆的测试。

2. Fluke 公司的 DSP-100 测试仪

Fluke 公司的 DSP-100 测试仪是手持式测试仪，如图 5-2 所示，它可用来对局域网中的双绞线或同轴电缆进行认证、测试及故障诊断。这种测试仪采用了新的测试技术，将脉冲测试信号和数字信号处理结合起来，可提供精确的测试结果。

图 5-1 能手测试仪

图 5-2 DSP-100 测试仪

这种测试仪具有下述功能：

（1）可根据 IEEE、ANSI、TIA、ISO/IEC 标准检查安装的局域网电缆。

（2）可在简单的菜单系统中显示测试选项和结果。

（3）可用英文、德文、法文、西班牙文、意大利文显示和打印报告。

（4）可自动执行所有关键的测试。

（5）可用大约 20s 的时间给出双向自动测试的结果。

（6）已存储常用的测试标准和电缆类型。

（7）最多允许设置 4 个用户的电缆标准。

（8）时域串扰分析可对电缆串扰问题进行定位。

（9）可测试环路损耗。

（10）可绘制 NEXT、衰减、衰减串扰比和 RL 曲线图。

（11）可在非易失存储器中存储至少 500 条电缆的测试结果。

（12）可监测以太网的流量和脉冲噪声。Hub 端口定位可帮助识别端口连接情况。

（13）存储的测试结果可上传至 PC 或直接输出至串口打印机。

（14）可刷新 EPROM，支持标准和软件升级。

（15）可配合 Fluke DSP 光纤仪测试光缆。

3. Fluke One Touch 测试仪

这种测试仪可以快速查找交换机，定位可用接口、活动端口、MAC、IP、SNMP 名称和链路速度；快速查看数据，指出冲突的 IP 地址、不匹配的网络配置及物理错误；查看以太网利用率、冲突和错误；增加网络正常运行时间，使用基线数据报告分析运行趋势。Fluke One Touch 测试仪如图 5-3 所示。

图 5-3　Fluke One Touch 测试仪

5.3.2　双绞线网络测试

双绞线网络在完成线缆敷设后，必须进行网络连接测试，以保证所建网络能达到设计要求。规范的网络连接测试必须采用专业的测试设备。下面就以目前市场上几种典型测试设备的使用为核心，介绍一下双绞线网络的测试。

1. 使用能手测试仪进行双绞线网络测试

前面已经讲过，能手测试仪只能用于线路连通性测试，而不能反映实际网络的传输能力。下面简单介绍一下能手测试仪的使用方法。

将网线两端的 RJ45 插头分别插入主测试仪和远程测试端的 RJ45 端口，将开关置于“ON”位置（S 为慢速挡），主机指示灯依次点亮。

若连接不正常，则按下述情况指示。

（1）当有一根导线断路时，主测试仪和远程测试端对应线号的灯都不亮。

（2）当有几根导线断路时，对应线号的灯都不亮。当连通的导线少于两根时，所有灯都不亮。

（3）当两端网线乱序时，与主测试仪连接的远程测试端对应线号的灯点亮。

（4）当有两根导线短路时，主测试仪指示不变，而远程测试端对应线号的灯点亮。当有 3 根以上（含 3 根）导线短路时，短路导线对应的灯都不亮。

2. 使用 Fluke 公司的 DSP-100 测试仪进行双绞线网络测试

1）基本操作

测试仪使用注意事项如下。

（1）在测试仪连接电缆之前必须先开机，这样可使测试仪内的保护电路工作。

（2）除非在监测网络工作的情况下，否则不要将测试仪接入工作的网络中，因为这样可能会影响网络的正常工作。

（3）当使用同轴电缆 T 形接头将测试仪接入网络时，不要将接头和导电物体接触，否则可能会影响网络的正常工作。

（4）禁止将非 RJ45 插头插入测试仪的 RJ45 插座，如 RJ11（电话）插头，否则会永久损坏测试仪的插座。

（5）进行电缆测试时禁止由 PC 向测试仪传送数据，否则会产生错误的测试结果。

（6）进行电缆测试时禁止使用便携的无线电发送设备，否则会产生错误的测试结果。

DSP-100 测试仪主机外观如图 5-4 所示，主机功能说明见表 5-1。

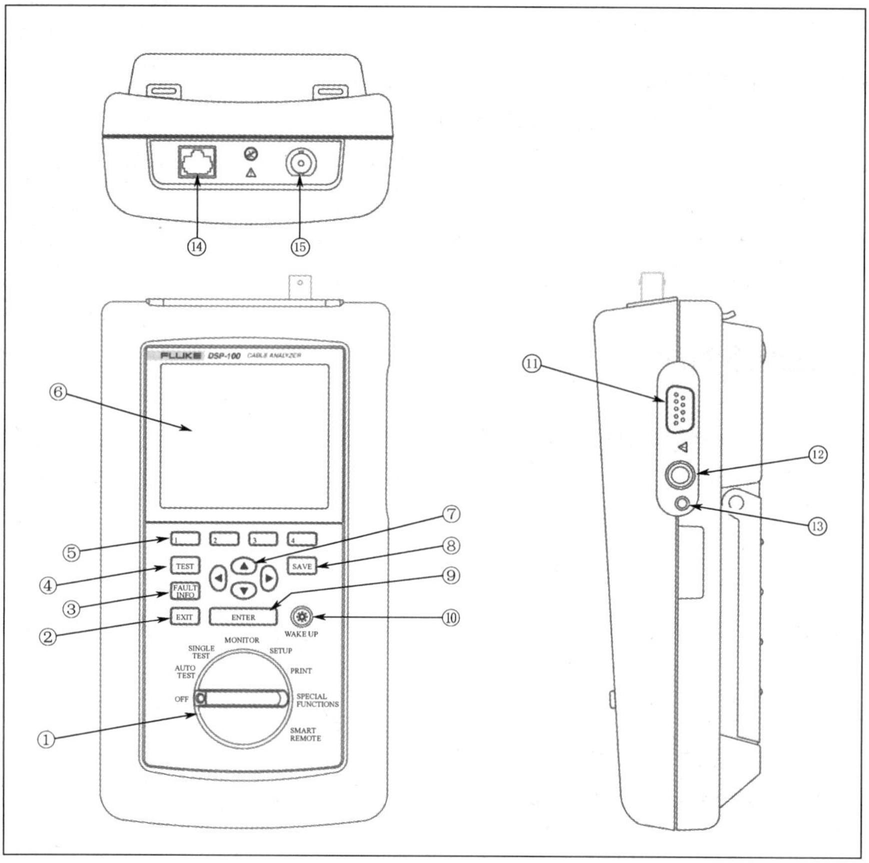

图 5-4　DSP-100 测试仪主机外观

表 5-1　主机功能说明

项　目	功　能	说　明
①	旋钮开关	选择测试仪的工作模式，离开“OFF”位置即开机
②	EXIT	退出当前界面
③	FAULT INFO	自动提供造成自动测试失败的详细信息（仅限 DSP-2000）
④	TEST	启动突出显示所对应的测试或再次启动上次执行的测试
⑤	1 2 3 4	提供和当前界面相关的功能，具体功能显示于按键的上方
⑥	显示屏	有背景灯、对比度可调的 LCD 显示屏
⑦	▲ ▼ ◀ ▶	用于上、下、左、右移动，或者数值的增减
⑧	SAVE	存储自动测试结果和改变的参数

续表

项　目	功　能	说　明
⑨	ENTER	选择菜单中突出显示的项目
⑩	☼ WAKE UP	背景灯控制。按住 1s 可调整显示对比度。测试仪进入休眠状态后，按该键可重新启动
⑪	RS-232C 串口	通过标准 IBM-AT EIA RS-232C 串行电缆，将 9 芯连接器连接至打印机或 PC
⑫	交流稳压电源（充电）插口	连接交流稳压电源
⑬	交流稳压电源指示灯	LED 方式 1：绿色 LED 表示测试仪正在使用交流稳压电源 LED 方式 2：多色 LED 表示 4 种状态 不亮：交流稳压电源未连接，或已连接但测试仪内未安装充电电池 红灯闪烁：交流稳压电源正在准备快速充电前的微电流充电，本状态表示电池的电压非常低。此时测试仪不能工作 红灯长亮：交流稳压电源正在快速对电池充电 绿灯长亮：快速充电完毕，交流稳压电源正在微电流充电
⑭	RJ45 插座	用于屏蔽或非屏蔽双绞线电缆的 8 芯屏蔽插座。在 DSP-2000 中，该插座标为“CABLE TEST”。DSP-2000 还有另一个 RJ45 插座，标为“MONITOR”，它用于 10/100BaseTX 流量和 Hub 测试
⑮	BNC 连接器	用于同轴电缆的连接器（仅限于 DSP-100）

在使用 DSP-100 测试仪进行测试时，很多测试项目都需要用到远端器，远端器有两种：标准远端器和智能远端器。智能远端器能作为所有测试项目的远端器，而标准远端器在一些测试项目中不能使用，如远端 NEXT 测试。图 5-5 给出了远端器外观，图中左上角为标准远端器，其余 3 个为智能远端器。表 5-2 为远端器功能说明。

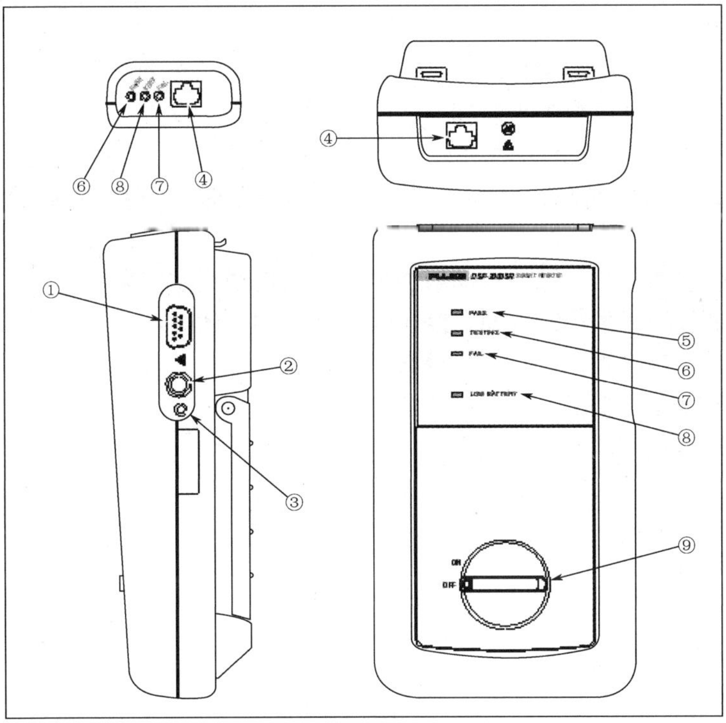

图 5-5　远端器外观

表 5-2　远端器功能说明

项　　目	功　　能	说　　明
①	RS-232C 串口	DB9P 接口，用于软件升级
②	交流稳压电源插口	连接交流稳压电源
③	交流稳压电源指示灯	LED 方式 1：绿色 LED 表示测试仪正在使用交流稳压电源 LED 方式 2：多色 LED 表示 4 种状态 不亮：交流稳压电源未连接，或已连接但测试仪内未安装充电电池 红灯闪烁：交流稳压电源正在准备快速充电前的微电流充电，本状态表示电池的电压非常低。此时测试仪不能工作。 红灯长亮：交流稳压电源正在快速对电池充电 绿灯长亮：快速充电完毕，交流稳压电源正在微电流充电
④	RJ45 插座	用于屏蔽或非屏蔽双绞线电缆的 8 芯屏蔽插座
⑤	合格 LED	如果测试结束后未发现错误，绿色 LED 亮
⑥	测试 LED	测试正在进行中，黄色 LED 亮
⑦	不合格 LED	如果测试结束后发现错误，红色 LED 亮
⑧	电池电量不足 LED	当智能远端器电池电量过低时，该 LED 亮
⑨	旋钮开关	开/关智能远端器

DSP-100 测试仪也可以作为远端器使用，将 DSP-100 测试仪作为远端器使用时，要将旋钮开关转到“SMART REMOTE”位置。

2）DSP-100 测试仪的设置

下面介绍 DSP-100 测试仪的各种设置。将旋钮开关转至“SETUP”位置，即进入设置菜单。设置菜单一共 6 页，按 4 （Page Down）键可向下翻页，按 3 （Page Up）键可向上翻页，按 1 （Choice）键或 ENTER 键可进入突出显示的菜单选项。图 5-6 显示了设置菜单首页，设置内容如下：

① 选择测试标准和电缆类型。

② 按标准要求选择电缆平均温度。

③ 选择导管设置。

④ 当使用另一台测试仪或智能远端器作为远端器时，可实现远端测试或自动远端识别。

⑤ 设置电缆识别号码，以便自动增加要存储的自动测试结果。

⑥ 设置测试仪的背景灯，以便在停止使用后自动关闭。

⑦ 设置测试仪在停止使用后切换至低功耗模式。

⑧ 设置脉冲噪声电平值。

⑨ 选择串口参数。

⑩ 使能或关闭测试仪的蜂鸣器。

⑪ 设置日期和时间。

⑫ 选择日期和时间的格式。

⑬ 选择长度单位。

⑭ 设置数值格式。

⑮ 选择显示和打印的语言。

⑯ 选择市电的频率。

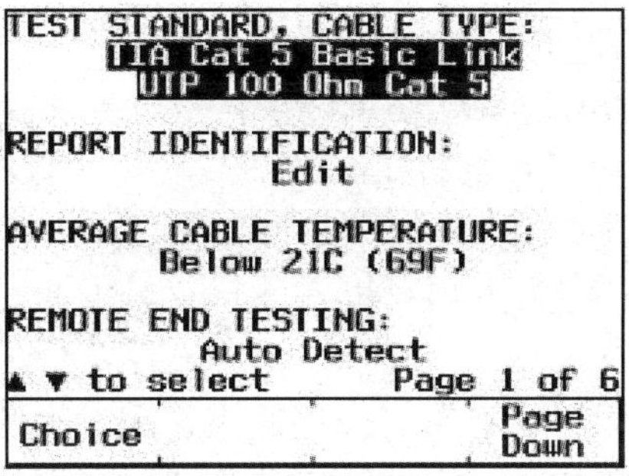

图 5-6　设置菜单首页

⑰ 使能或关闭屏蔽层连通性测试。

⑱ 根据用户的电缆配置来修改测试标准。

⑲ 选择最大测试频率。

测试仪开机后一般要进行自检，执行自检的步骤如下：

① 将旋钮开关转至“SPECIAL FUNCTIONS”位置。

② 按▼键突出显示“Self Test”。

③ 按ENTER键确认。

④ 按照屏幕所示，用 2m 长 Cat5 连接电缆将测试仪和远端器连接起来。

⑤ 按TEST键启动自检。

⑥ 自检完成后，可以按EXIT键返回“SPECIAL FUNCTIONS”主菜单，或将旋钮开关转至新的位置，开始新的操作。

如果自检失败，则说明测试仪出现了故障，不能正常使用。

下面对设置菜单中的各项内容进行介绍。

（1）选择测试标准和电缆类型。

用户选择的测试标准和电缆类型决定了测试中所采用的项目和标准。测试仪内置了常用的测试标准和电缆类型的信息。

有些标准对双绞线电缆既定义了通道，又定义了基本连接。通道的测试限比基本连接的测试限要宽松，因为通道允许在水平方向有两个交叉连接和工作区通信的转接。图 5-7 显示了测试标准和电缆类型选择菜单。

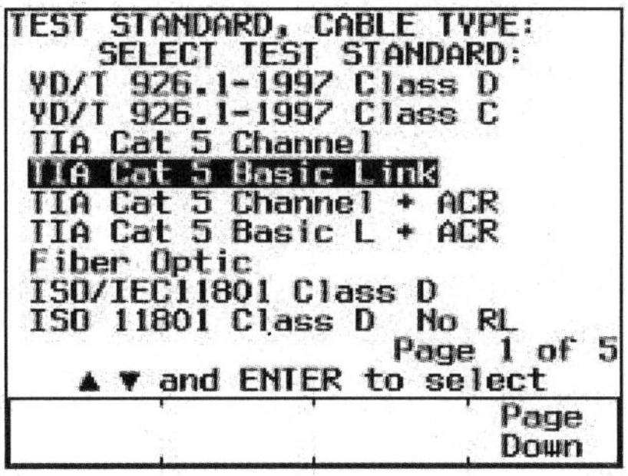

图 5-7　测试标准和电缆类型选择菜单

选择测试标准和电缆类型按如下步骤操作。

① 将旋钮开关转至“SETUP”位置。

② 按 1 （Choice）键或 ENTER 键进入该选项菜单。

③ 按▼、▲键突出显示所需要的测试标准。

④ 按 ENTER 键确认突出显示的标准，测试仪将显示该标准所对应的电缆类型。

⑤ 按▼、▲键选择所需要的电缆类型，然后按 ENTER 键确认。

如果选择了屏蔽双绞线电缆类型，可以在设置菜单中使能或关闭屏蔽层连通性测试。

（2）编辑报告识别信息。

当做完各项测试后，通常需要制作一个测试报告来汇报测试结果，在此之前，应当对报告的一些信息进行设置。报告识别信息包括客户名称、测试人、测试地点。

编辑报告识别信息按如下步骤操作。

① 将旋钮开关转至“SETUP”位置。

② 按▼键突出显示编辑报告识别信息选项。

③ 按 1 （Choice）键或 ENTER 键进入该选项，显示相关菜单，如图 5-8 所示。

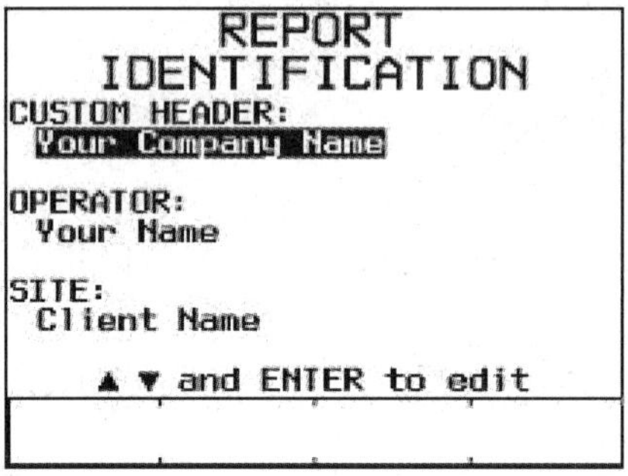

图 5-8 报告识别信息编辑菜单

④ 按上、下方向键选择需要编辑的项目，按 ENTER 键进入编辑器，如图 5-9 所示。

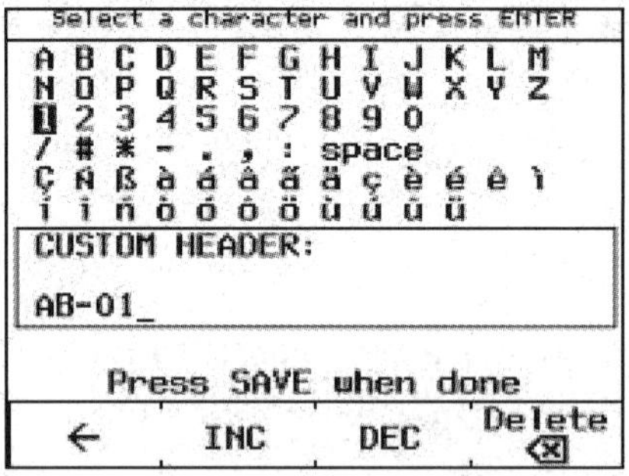

图 5-9 编辑器

⑤ 移动光标选择数字、字母和符号，按 ENTER 键输入。

⑥ 输入完毕后按 SAVE 键存储信息。

⑦ 按上、下方向键选中所存信息，然后按 ENTER 键确认。

（3）选择电缆平均温度。

某些标准要求为所测试的电缆选择一个平均温度。将旋钮开关转至“AUTOTEST”位置时，所选择的温度会出现在屏幕上。如果所选的标准没有温度要求，将显示“N/A”；如果所选的标准有温度要求，测试仪默认将 21℃（69℉）作为电缆的平均温度。

温度升高会引起衰减增加，为补偿该增量，测试仪会根据用户所选择的温度调整衰减测试界限。为避免出现错误结果（将好的电缆判为不合格，将坏的电缆判为合格），用户选择的温度应接近电缆的实际平均温度。

选择电缆平均温度按如下步骤操作。

① 将旋钮开关转至“SETUP”位置。

② 按▼键突出显示电缆平均温度选项。

③ 按 1 （Choice）键或 ENTER 键进入该选项，显示相关菜单，如图 5-10 所示。

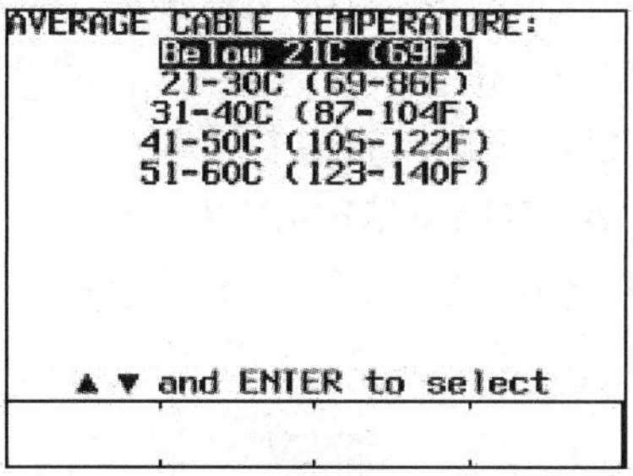

图 5-10　电缆平均温度设置菜单

④ 按▼、▲键突出显示所需要的温度范围。

⑤ 按 ENTER 键确认突出显示的温度范围，如图 5-11 所示。

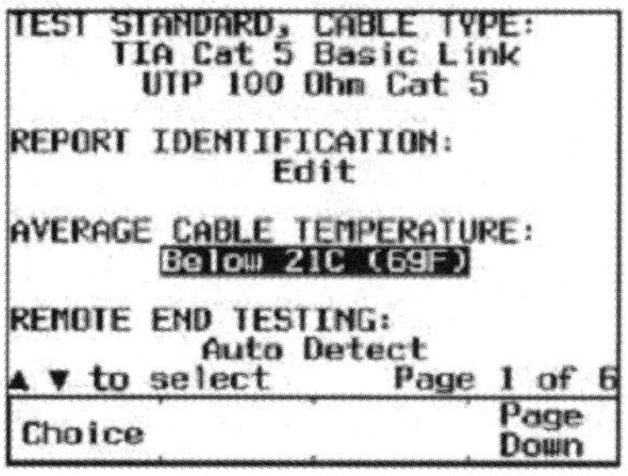

图 5-11　设置菜单中的电缆平均温度选项

（4）设置远端测试。

一些项目测试时需要使用远端器，在测试这些项目之前需要对远端测试进行设置。远端测试设置菜单，如图 5-12 所示。

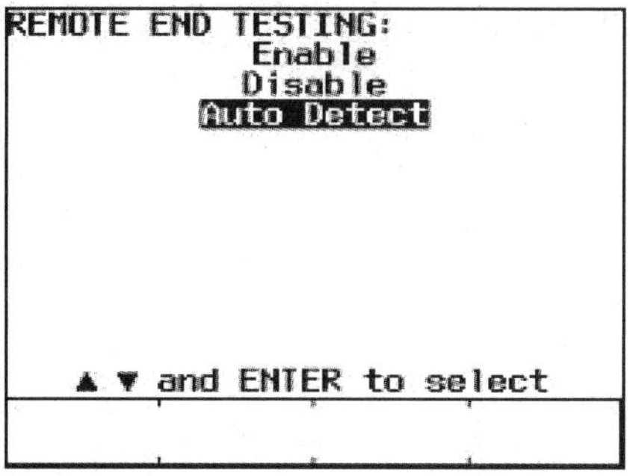

图 5-12　远端测试设置菜单

设置远端测试按如下步骤操作。

① 将旋钮开关转至“SETUP”位置。

② 按▼键突出显示远端测试选项。

③ 按 1 （Choice）键。

④ 按▲键突出显示“Enable”或“Auto Detect”，并按 ENTER 键确认（建议设置为“Auto Detect”）。

（5）设置电缆识别号码。

设置电缆识别号码，可以自动增加要存储的自动测试结果。其操作步骤如下。

① 将旋钮开关转至“SETUP”位置。

② 按 4 （Page Down）键向下翻一页（第二页）。

③ 按上、下方向键选中“AUTO INCREMENT”选项，按 1 （Choice）键或 ENTER 键进入相应的菜单，如图 5-13 所示。

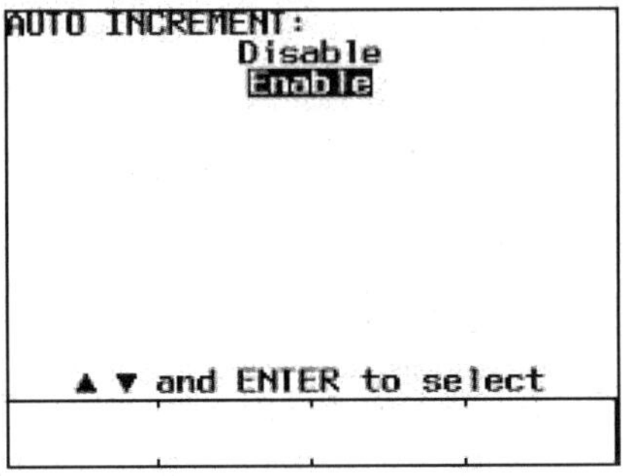

图 5-13　电缆识别号码设置菜单

④ 按上、下方向键选择选项（建议选择“Enable”），然后按 ENTER 键确认。

（6）设置脉冲噪声电平值。

该选项用来设置监测外界脉冲噪声的门限值，调整范围为 100～500mV。其操作步骤如下。

① 将旋钮开关转至“SETUP”位置。

② 按 4 （Page Down）键向下翻一页（第二页）。

③ 按▼键突出显示“IMPULSE NOISE THRESHOLD”选项。

④ 按 1 （Choice）键或 ENTER 键进入相应的菜单，如图 5-14 所示。

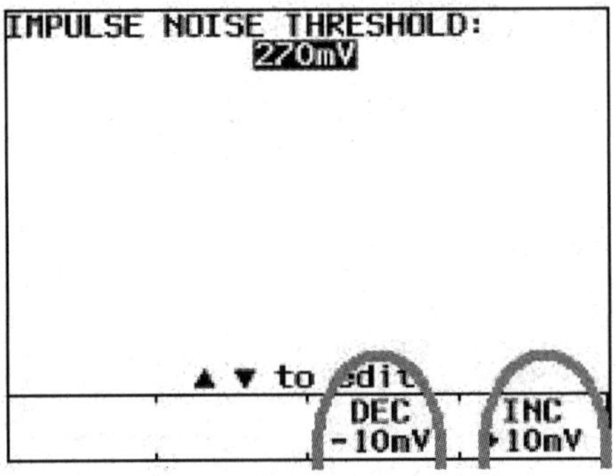

图 5-14　脉冲噪声电平值设置菜单

⑤ 按上、下方向键或 3 、 4 键增大或减小数值（默认值为 270mV），然后按 ENTER 键确认。

（7）选择打印机类型。

测试仪可连接串口打印机直接打印测试报告，选择打印机类型的操作步骤如下。

① 将旋钮开关转至“SETUP”位置。

② 按 4 （Page Down）键向下翻两页（第三页）。

③ 按▼键突出显示“PRINTER TYPE”选项。

④ 按 1 （Choice）键或 ENTER 键进入相应的菜单，如图 5-15 所示。

⑤ 按▼、▲键选择选项，按 ENTER 键确认选项。

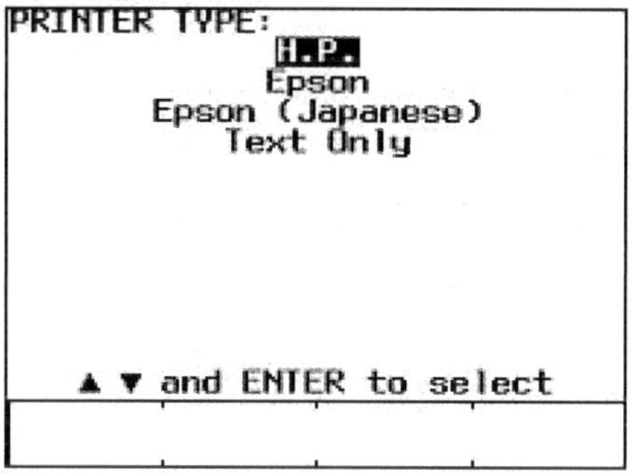

图 5-15　打印机类型选择菜单

（8）选择长度单位。

测试仪以米或英尺为单位显示测量长度。更改长度单位按如下步骤操作。

① 将旋钮开关转至“SETUP”位置。

② 按 4 （Page Down）键向下翻 4 页（第五页）。

③ 按 1 （Choice）键或 ENTER 键进入该选项对应的菜单，如图 5-16 所示。

④ 按▼、▲键突出显示所需的长度单位。

⑤ 按 ENTER 键确认突出显示的长度单位。

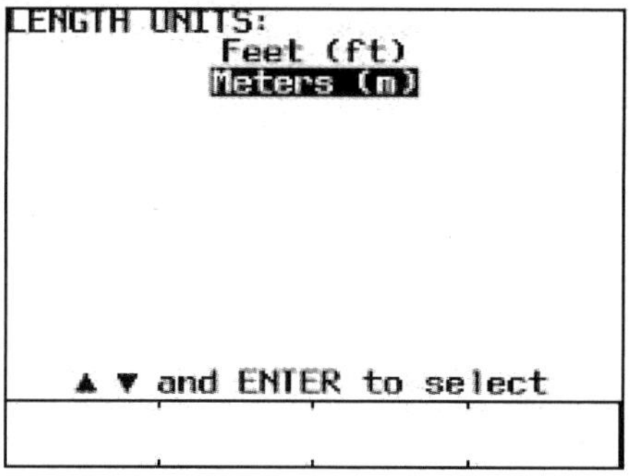

图 5-16　长度单位选择菜单

（9）设置数值格式。

测试仪用点分隔符（00.0）或逗号分隔符（00,0）显示数值。更改数值格式按如下步骤操作。

① 将旋钮开关转至“SETUP”位置。

② 按 4 （Page Down）键向下翻 4 页（第五页）。

③ 按▼键突出显示数值格式选项。

④ 按 1 （Choice）键或 ENTER 键进入该选项对应的菜单，如图 5-17 所示。

⑤ 按▼、▲键突出显示所需的数值格式。

⑥ 按 ENTER 键确认突出显示的数值格式。

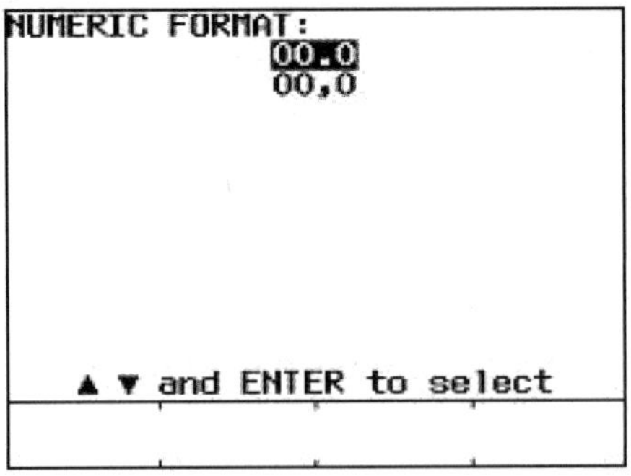

图 5-17　数值格式设置菜单

（10）用户自定义电缆。

此设置用于根据用户的电缆配置来修改测试标准，DSP-100 测试仪最多可以定义 4 种电缆。其操作步骤如下。

① 将旋钮开关转至“SETUP”位置。

② 按 4 （Page Down）键向下翻 5 页（第六页）。

③ 按▼键突出显示“CONFIGURE CUSTOM CABLE”选项。

④ 按 1 （Choice）键或 ENTER 键进入该选项对应的菜单，如图 5-18 所示。

⑤ 按▼、▲键选择选项。

⑥ 按 ENTER 键确认选项。

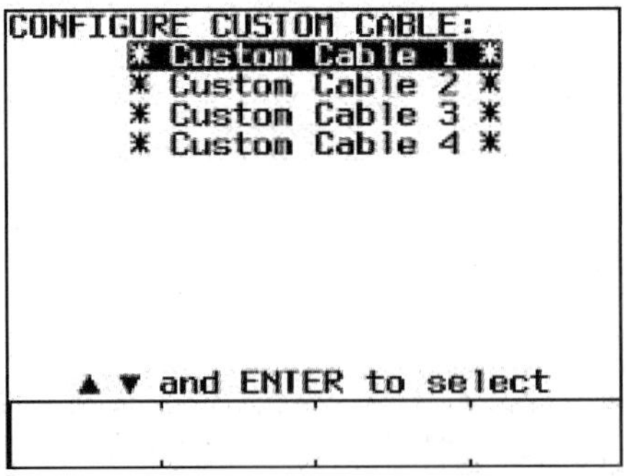

图 5-18　用户自定义电缆菜单

（11）选择最大测试频率。

DSP-100 测试仪的最大测试频率可达 155MHz，而国际标准要求的测试频率最大只到 100MHz，所以 DSP-100 测试仪的频率范围完全满足测试要求。选择最大测试频率的操作步骤如下。

① 将旋钮开关转至“SETUP”位置。

② 按[4]（Page Down）键向下翻 5 页（第六页）。

③ 按▼键突出显示“MAXIMUM FREQUENCY”选项。

④ 按[1]（Choice）键或[ENTER]键进入该选项对应的菜单，如图 5-19 所示。

⑤ 按▼、▲键选择选项。

⑥ 按[ENTER]键确认选项。

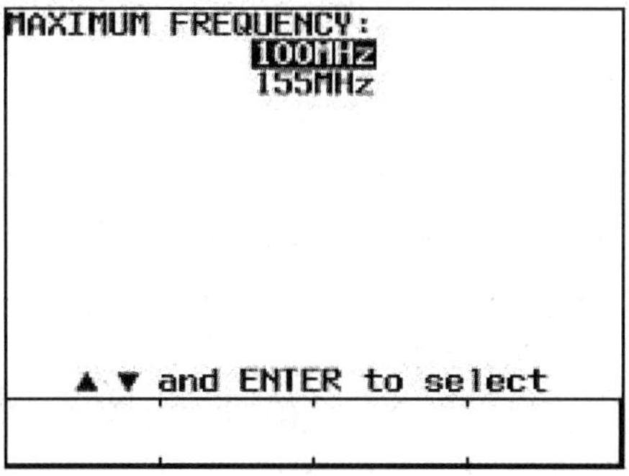

图 5-19　最大测试频率选择菜单

（12）选择导管设置。

某些标准要求用户指出电缆是否安装于导管内。如果所选标准要求设置导管，将旋钮开关转至自动测试模式时，当前设置（“Yes”或“No”）将出现在屏幕上；如果所选测试标准没有设置导管的要求，则显示“N/A”。

金属导管会使电缆的衰减略有增大。为了补偿所引起的增加值，当导管设置选择“Yes”时，衰减的测试界限会相应增加。更改导管设置时，可按如下步骤操作。

① 将旋钮开关转至“SETUP”位置。

② 按[4]（Page Down）键向下翻 5 页（第六页），如图 5-20 所示。

③ 按▼键突出显示导管设置选项。

④ 按[1]（Choice）键或[ENTER]键进入该选项。

⑤ 按▼、▲键突出显示所需的设置。

⑥ 按[ENTER]键确认突出显示的设置。

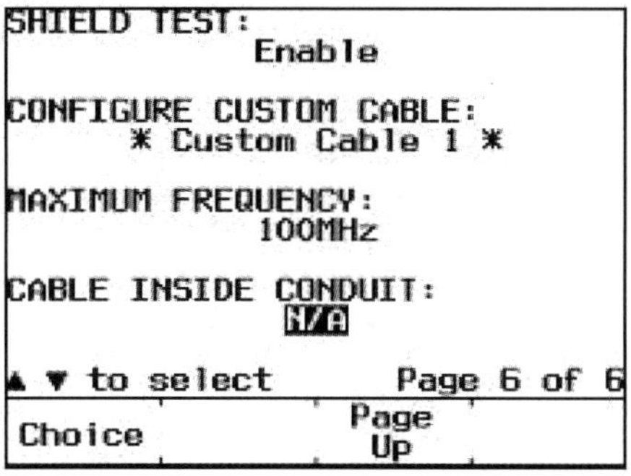

图 5-20　设置菜单的第六页

以上就是对所有设置选项的介绍。下面对测试仪的特殊功能进行介绍。

将测试仪的旋钮开关转至“SPECIAL FUNCTIONS”位置，即可进行特殊功能设置。DSP-100 测试仪具有如下特殊功能。

① 查看/删除存储器中的测试报告。

② 删除所有测试报告。

③ 确定电缆的 NVP 值，从而保证电缆长度和电阻测量的精度。

④ 查看测试仪和智能远端器中镍镉充电电池的状态。

⑤ 进行自校正，检查测试仪和远端器是否可以正常工作。

⑥ 自检。

3）自动测试

这里主要介绍如何利用 DSP-100 测试仪的自动测试功能测试双绞线网络的几个关键参数。

DSP-100 测试仪前面板如图 5-21 所示，其中一些功能键在自动测试模式下有特殊的作用，具体如下。

[1]或[2]（View Result）键：[1]键用于显示上次自动测试的结果，在第一个自动测试界面有效；[2]键用于显示突出显示的电缆或线对的详细测试结果，在 NEXT、衰减、ACR、RL 和 PSNEXT 测试的第一个界面有效。

[2]（View Plot）键：用于查看测试结果的频率响应。在 NEXT、RL、ACR、衰减和 PSNEXT 测试的第一个界面和结果界面有效。

[2]（Next Pair）键和[2]（Next Pairs）键：用于查看下一条电缆或下一个线对的详细测试结果或曲线，在 NEXT、衰减、ACR 和 RL 测试的结果界面或曲线界面有效。

[1]（155MHz）键：用于查看最高为 155MHz 的 NEXT、ACR 或衰减的曲线。只有在“SETUP”模式下将频率设为 155MHz 时该键才有效。

屏蔽双绞线电缆和非屏蔽双绞线电缆的自动测试是相同的。选择屏蔽双绞线电缆测试并在设置中使能屏蔽层测试，测试仪还会测试屏蔽层的连通性。

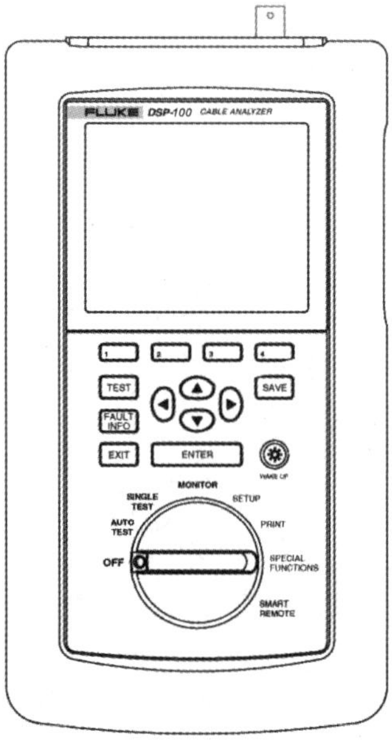

图 5-21 DSP-100 测试仪前面板

图 5-22 为双绞线电缆自动测试的连接图，如果条件不允许，也可以不像图中那样在待测电缆的两端用长度为 2m 的标准电缆连接测试仪和远端器，而是用待测电缆直接连接测试仪和远端器。

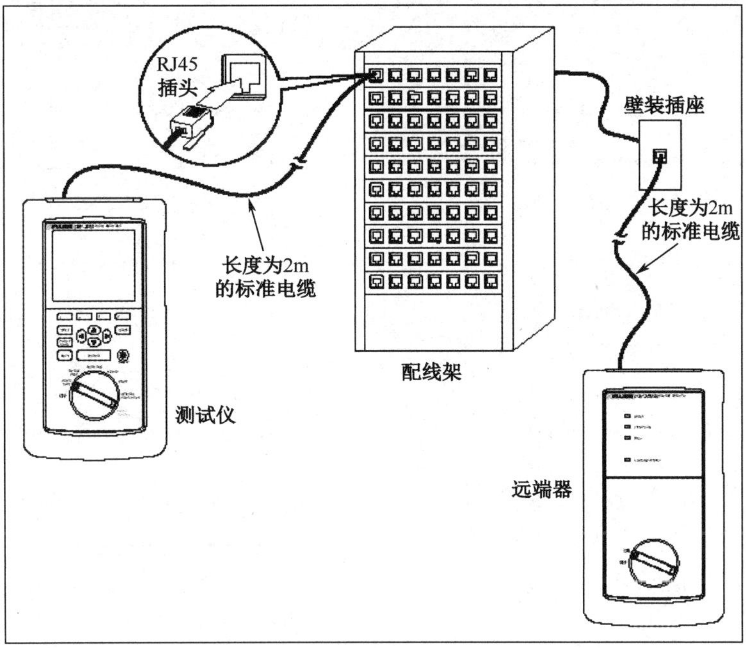

图 5-22　双绞线电缆自动测试的连接图

双绞线电缆自动测试按如下步骤操作。

① 如果使用一台 DSP-100 测试仪作为远端器，则将其旋钮开关转至“SMART REMOTE”位置。如果使用的是智能远端器，则将旋钮开关转至“ON”位置。

② 使用阻抗正确的 2m 长接线电缆将被测电缆的远端和远端器连接起来。

③ 将旋钮开关转至“AUTOTEST”位置。

④ 检查显示的设置（图 5-23）是否正确，这些设置可在“SETUP”模式下更改。

⑤ 使用阻抗正确的 2m 长接线电缆将被测电缆的近端和测试仪连接起来。

⑥ 按 TEST 键启动自动测试。

如果上次自动测试的结果没有存储，按 TEST 键时测试仪会显示提示信息。此时，可以按 SAVE 键存储上次测试的结果或按 TEST 键删除上次测试的结果并开始新的自动测试。

如果未连接远端器，测试仪将显示“SCANNING FOR REMOTE”，且不执行自动测试，直到连接好远端器。

4）测试结果

双绞线电缆自动测试结果如图 5-24 所示，按 1 键可查看详细信息（图 5-25），按 4 键可检查数据存储情况，如图 5-26 所示。

要查看每个测试项的详细测试结果，可在图 5-25 所示的界面中，按▽、△键突出显示相应选项，然后按 ENTER 键。下面详细介绍各个测试项。

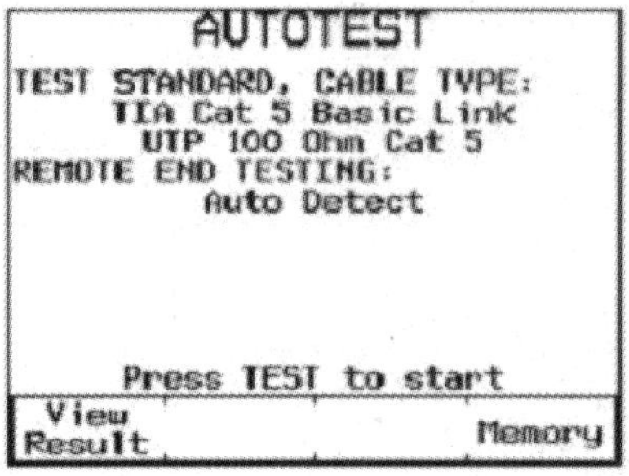

图 5-23 自动测试相关设置

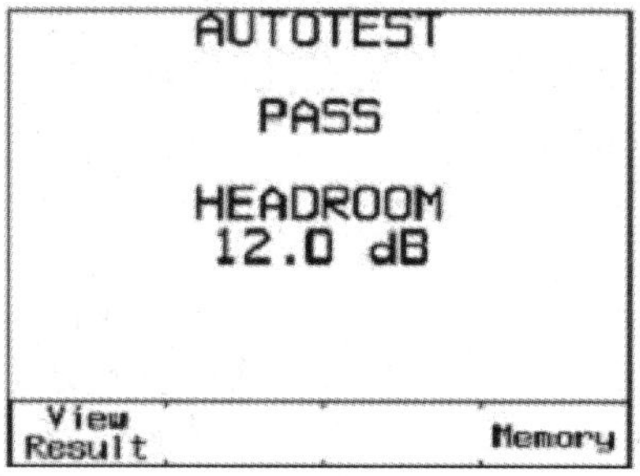

图 5-24 自动测试结果

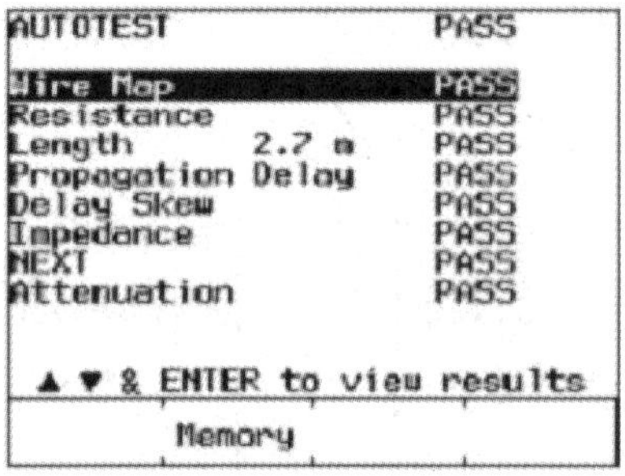

图 5-25 自动测试结果详细信息

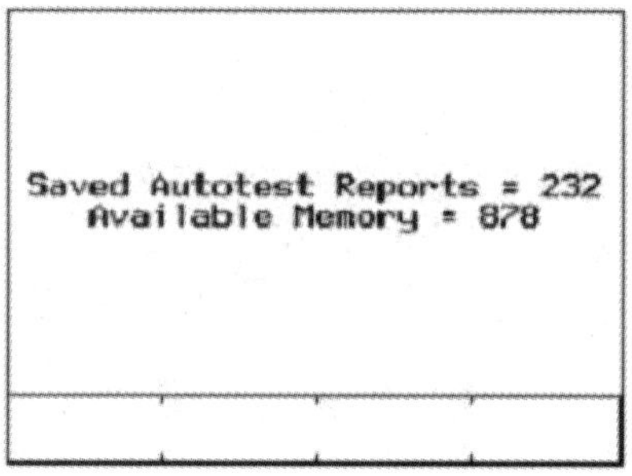

图 5-26 数据存储情况

（1）接线图（Wire Map）。

该测试项用于测试并显示所有线对的远端和近端的连接情况。如果选用了屏蔽双绞线电缆并在“SETUP”模式下将屏蔽测试设为有效，则还要进行屏蔽层连通性测试。被测试的线对是由所选的测试标准决定的，表 5-3 给出了接线图测试结果。

表 5-3 接线图测试结果

接 线 情 况	显　示	示意图（只影响显示的线对）	说　明
正确连接（上一行表示近端接头）	WIRE MAP RJ45 PIN: 1 2 3 4 5 6 7 8 S |							| RJ45 PIN: 1 2 3 4 5 6 7 8 S PASS	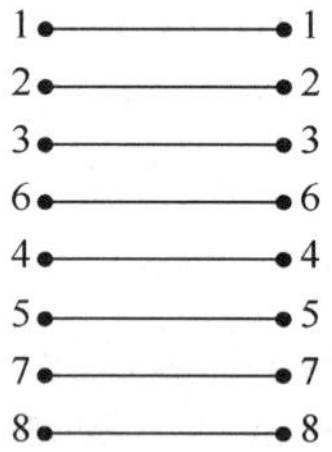	电缆连接正确。屏蔽符号（S）只在所选标准需要时显示
交叉	WIRE MAP RJ45 PIN: 1 2 3 4 5 6 7 8 S 	x x						 RJ45 PIN: 1 3 2 4 5 6 7 8 S FAIL	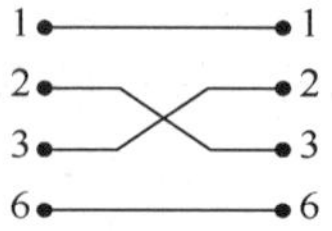	线对 1、2 和线对 3、6 中的线交叉。接线不能形成可识别的电路
反接	WIRE MAP RJ45 PIN: 1 2 3 4 5 6 7 8 S x x							 RJ45 PIN: 2 1 3 4 5 6 7 8 S FAIL	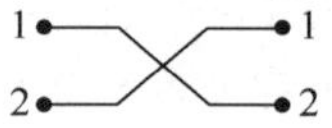	线 1 和线 2 交叉

续表

接线情况	显示	示意图（只影响显示的线对）	说明
错对	WIRE MAP RJ45 PIN: 1 2 3 4 5 6 7 8 S x x x | | x | | | RJ45 PIN: 3 6 1 4 5 2 7 8 S FAIL	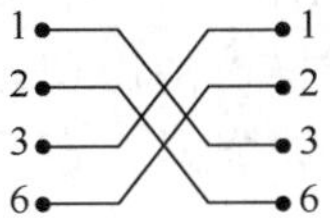	线对 1、2 和线对 3、6 交叉
短路	WIRE MAP RJ45 PIN: 1 2 3 4 5 6 7 8 S s | s | | | | | | RJ45 PIN: 1 2 3 4 5 6 7 8 S FAIL	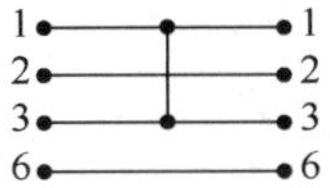	线 1 和线 3 短路。可以通过 TDR 测试找出短路位置
开路	WIRE MAP RJ45 PIN: 1 2 3 4 5 6 7 8 S o | | | | | | | | RJ45 PIN: 2 3 4 5 6 7 8 S FAIL	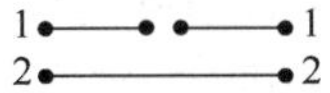	线 1 开路。可以通过 TDR 测试找出开路位置
串扰	WIRE MAP RJ45 PIN: 1 2 3 4 5 6 7 8 S | | | | | | | | RJ45 PIN: 1 2 3 4 5 6 7 8 FAIL Split pairs detected: 1,2-3,6	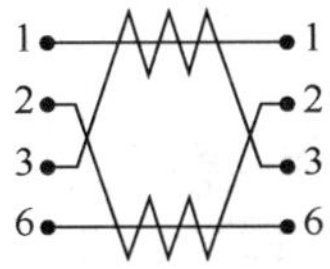	线对 1、2 中的线与线对 3、6 中的线相互串扰。可以利用 TDX 分析找出串扰的位置

如果接线图测试通过，则自动测试继续进行，自动测试结束后可查看接线图测试结果；如果接线图测试失败，则自动测试停止，接线图界面上出现“FAIL”。用户可以按 SAVE 键存储接线图测试结果。若要继续进行自动测试，可按 4 （Continue Test）键。

（2）电阻（Resistance）。

该测试项是测量每对电缆的直流环路电阻。测试结果显示每对电缆的电阻、测试限和通过/失败的信息。“PASS”意味着测量的电阻在测试限内，“FAIL”意味着测量的电阻超过了测试限。

（3）长度（Length）。

该测试项是测量电缆的长度。自动测试界面显示具有最短电子延迟的线对、电缆的长度，以米或英尺为单位；测试结果界面显示每对电缆的长度、测试限、合格/不合格。在“SETUP”模式不可更改长度单位。“PASS”表示测量的长度在所选标准规定的测试限内，“FAIL”表示测量的长度超过了测试限。

（4）传输延迟和延迟偏离。

传输延迟是测试脉冲沿每对电缆传输的时间（ns）。延迟偏离是最短延迟线对的传输延迟（以 0ns 表示）和其他线对传输延迟间的差别。如果所选测试标准有要求，则测试结果显示传输延迟和延迟偏离的测试限；如果无要求，则总是显示“PASS”。

（5）特性阻抗（Impedance）。

该测试项用于测量每对电缆近似的特性阻抗，要求电缆长度不能小于 5m（16ft），若电缆短于该长度，则总是显示合格。

“PASS”表示测量的阻抗在所选标准规定的测试限内，“FAIL”表示测量的阻抗超过了测试限或发现了阻抗异常。

“Warning”（警告）表示测量的结果超过了测试限，但该项测试在所选的标准中不要求。警告的结果会在综合测试报告中出现。

如果在测试中发现阻抗异常，则显示异常的距离（以米或英尺为单位）并显示测量的结果为“FAIL”；如果信号反射超过 15%，则测试仪报告阻抗异常；如果检测到的阻抗异常点不止一个，则显示阻抗异常最大点的距离。可以通过 TDR 测试找出电缆中阻抗异常点的位置并绘制相关曲线。

（6）近端串扰（NEXT）。

该测试项是测量电缆线对之间的串扰。其值是信号和串扰之间幅度的差别，以 dB 为单位。NEXT 测试是根据所选标准在某个频率范围内进行的，并且在主机端进行测试，如果测试结果为“FAIL”，可以利用 TDX 分析查找串扰源的位置。

近端串扰测试总结果如图 5-27 所示。要查看某线对的详细测试结果，可以按▼、▲键突出显示此线对，然后按[2]键，如图 5-28 所示；按[3]键可查看曲线图，如图 5-29 所示。表 5-4 说明了曲线图中各项目的意义。

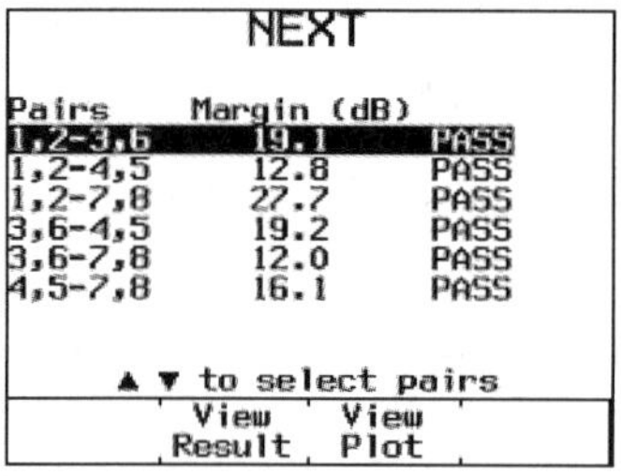

图 5-27 近端串扰测试总结果

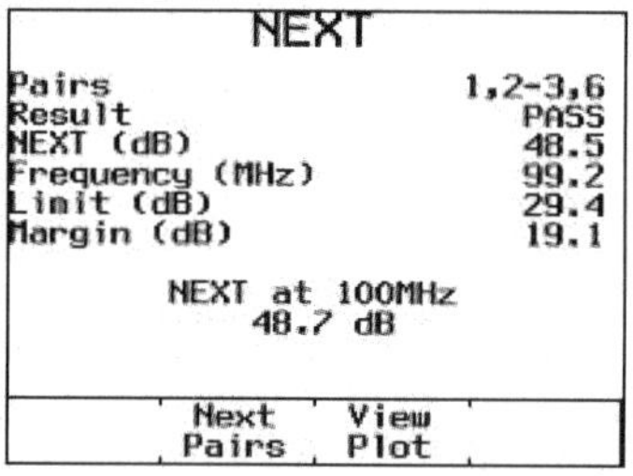

图 5-28 线对详细测试结果

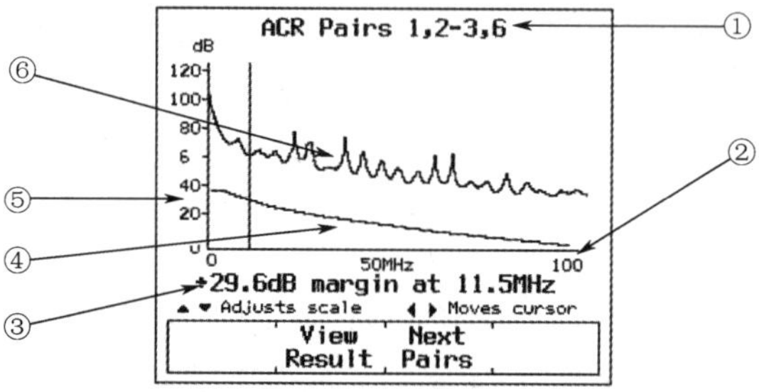

图 5-29 曲线图

表 5-4 曲线图中各项目的意义

项 目	说 明
①	曲线所对应的线对
②	NEXT 测试的频率范围（MHz）
③	测试限和光标所在位置 NEXT 的测量值之差（余量）。按▼、▲键移动光标。如果光标移动超出所选标准规定的频率范围，则显示的读数是光标位置的测量值
④	NEXT 测试限，由所选标准规定。如果测试限只定义了一个频率，则显示一个十字符号
⑤	NEXT 的分贝值
⑥	线对 NEXT 的测量值

远端的 NEXT 测试（NEXT@REMOTE）和测试结果与上面所介绍的 NEXT 测试是完全一样的，只是测量在远端进行并将结果传至主机。

（7）衰减。

该测试项是测量信号在电缆中的损耗。

衰减测试总结果如图 5-30 所示。要查看某线对的详细测试结果，可按▼、▲键突出显示此线对，然后按 2 键，如图 5-31 所示；按 3 键可查看曲线图，如图 5-32 所示。表 5-5 说明了曲线图中各项目的意义。

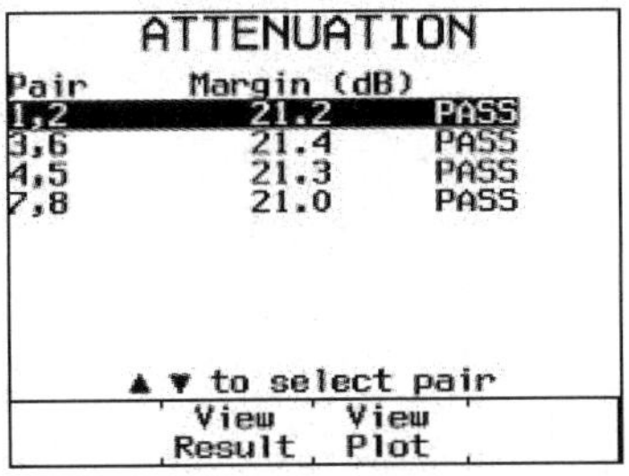

图 5-30 衰减测试总结果

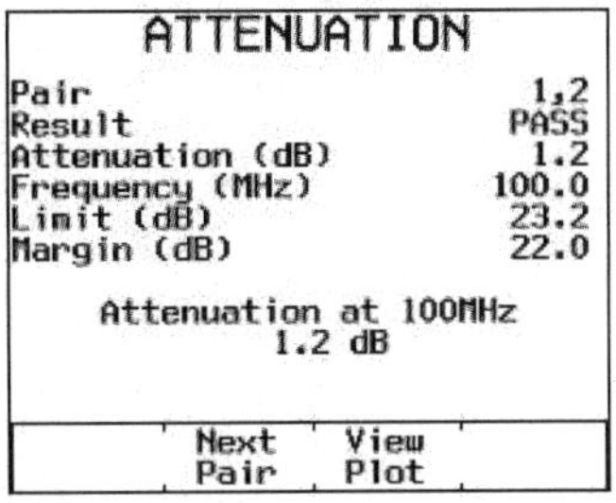

图 5-31 线对衰减详细测试结果

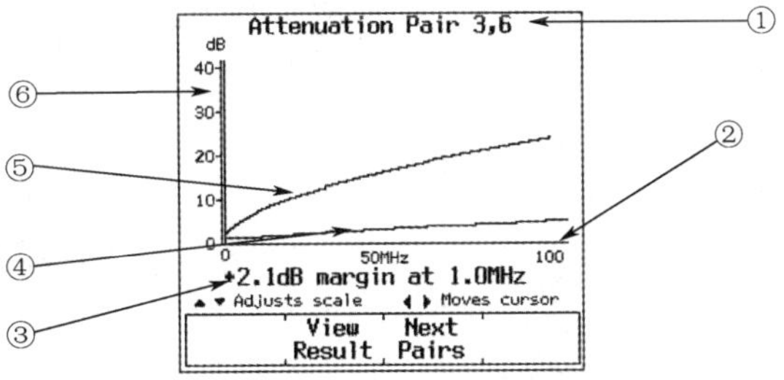

图 5-32 衰减测试曲线图

表 5-5 曲线图中各项目的意义

项　目	说　明
①	对应的电缆线对
②	衰减测试的频率范围（MHz）
③	余量是测试限和光标所在位置的衰减值的差。按▼、▲键移动光标，如果光标移动超出所选标准规定的频率范围，则显示的读数是光标位置的衰减值
④	测量到的线对衰减值
⑤	衰减测试限，由所选标准规定。如果测试限只定义了一个频率，则显示一个十字符号
⑥	衰减分贝值

5.3.3 光纤网络测试

与双绞线网络相同，光纤网络也使用专业测试设备进行测试。

进行光纤网络测试需要用到以下硬件。

（1）Fluke DSP-FOM 表。

（2）一个多模光源。

（3）两个光纤插头。

（4）Fluke One Touch 测试仪。

为了确保光纤测试的准确性，在测试之前应先清洁所有的光纤插头，并等待 2 分钟使光源稳定。

在测量光纤的光损耗之前，应先测量光纤插接缆和插头的损耗，进而设定一个参考标准，如图 5-33 所示。

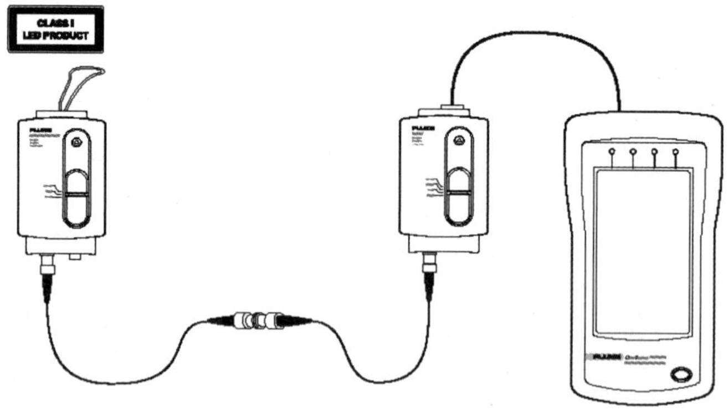

图 5-33　设定参考标准的连接图

测量光损耗的连接图如图 5-34 所示。测量输出功率的连接图如图 5-35 所示。表 5-6 定义了光纤测试中的术语。

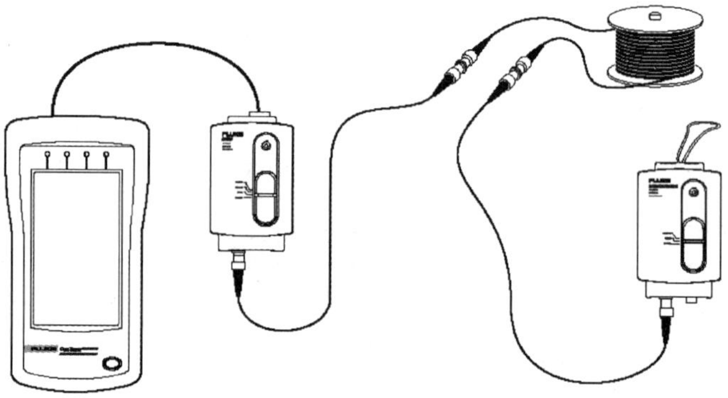

图 5-34　测量光损耗的连接图

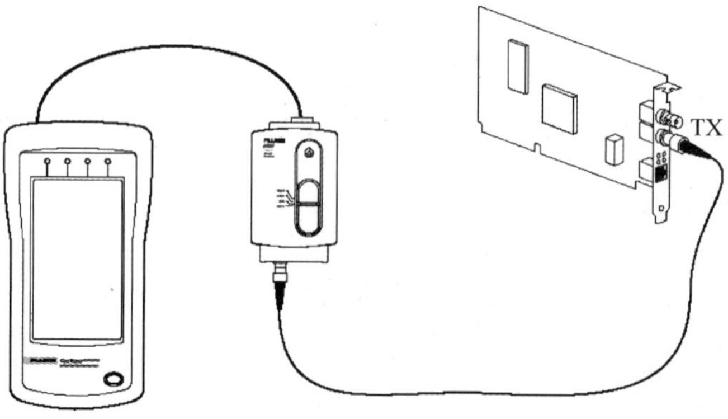

图 5-35　测量输出功率的连接图

表 5-6　光纤测试中的术语

术　语	定　义
参考值	在已知的参考线缆上测得的功率
功率	以 mW 和 dBm 计的被测功率
损耗	被测线缆的功率损耗，损耗=参考值-被测功率
损耗极限	允许的功率损耗。如果损耗超过此值，则测试报告指示“FAIL”，否则测试报告指示“PASS”

5.3.4　测试结果实例

信息学院信息中心楼（2 号楼）的布线工程采用前面所介绍的设备完成工程测试，由于测试数据过多，这里仅以信息学院信息中心楼（2 号楼）5 楼的光纤线路使用 Fluke One Touch 测试仪完成的一组测试结果为例进行说明，如图 5-36 所示。其中，★表示线路不通。

2号楼5楼509教室

光纤位置号	衰减数据	光纤位置号	衰减数据
5FG1-1 √	16.5	5FG2-1	15.8
5FG1-2 √	14.4	5FG2-2	14.0
5FG1-3	14.9	5FG2-3	15.1
5FG1-4	13.8	5FG2-4	14.1
5FG1-5	14.6	5FG2-5	14.0
5FG1-6	13.8	5FG2-6	14.0

2号楼5楼教师办公室

光纤位置号	衰减数据	光纤位置号	衰减数据
5FG3-1蓝√	15.8	5FG4-1	13.9
5FG3-2橙√	15.6	5FG4-2	13.7
5FG3-3	13.7	5FG4-3	14.1
5FG3-4	13.6	5FG4-4	13.7
5FG3-5	13.8	5FG4-5	14.1
5FG3-6	13.9	5FG4-6	14.3

2号楼5楼主任办公室

光纤位置号	衰减数据	光纤位置号	衰减数据
5FG5-1 √	14.8	5FG6-1	14.4
5FG5-2 √	14.4	5FG6-2	14.4
5FG5-3	14.2	5FG6-3	14.9
5FG5-4	14.7	5FG6-4	15.0
5FG5-5	14.9	5FG6-5	13.9
5FG5-6	14.1	5FG6-6	★

2号楼5楼505教室

光纤位置号	衰减数据	光纤位置号	衰减数据
5FG7-1 √	15.2	5FG8-1	14.5
5FG7-2 √	14.6	5FG8-2	14.8
5FG7-3	14.4	5FG8-3	14.9
5FG7-4	14.9	5FG8-4	33.0 ★
5FG7-5	14.4	5FG8-5	14.0
5FG7-6	14.7	5FG8-6	15.0

2号楼5楼504教室

光纤位置号	衰减数据	光纤位置号	衰减数据
5FG9-1 √	14.1	5FG10-1	14.0
5FG9-2 √	13.9	5FG10-2	13.5
5FG9-3	14.0	5FG10-3	13.9
5FG9-4	13.7	5FG10-4	14.4
5FG9-5	13.6	5FG10-5	13.6
5FG9-6	13.5	5FG10-6	13.9

2号楼5楼503教室

光纤位置号	衰减数据	光纤位置号	衰减数据
5FG11-1√	14.1	5FG12-1	13.7
5FG11-2√	13.9	5FG12-2	25.0 ★
5FG11-3	14.3	5FG12-3	14.2
5FG11-4	14.0	5FG12-4	14.6
5FG11-5	13.7	5FG12-5	14.8
5FG11-6	14.2	5FG12-6	13.9

图 5-36　信息学院信息中心楼（2 号楼）5 楼的光纤测试结果

5.4 任务2 综合布线系统工程验收

5.4.1 任务引入

完成系统测试任务后，就进入整个工程的验收阶段。工程验收能全面考核工程的建设水平，检验设计和施工质量，是施工方向建设方移交的正式手续。因此，做好工程验收工作就相当于为整个布线工程画上了一个完美的句号，其重要性是毋庸置疑的。以信息学院信息中心楼（2号楼）的布线工程为例，验收阶段的具体任务如下。

（1）了解验收的相关技术标准及规范。

（2）掌握验收的内容、方法与步骤。

5.4.2 任务分析

信息学院信息中心楼（2号楼）的工程验收是一项系统性工作，虽然工程中的线缆类型不多，只有双绞线和光纤两种，但是由于工程质量要求较高且线路铺设量较大，因此整个工程验收的过程还是比较复杂的。工程验收包括对施工环境、工程器材、设备安装、线缆敷设、线缆终接、竣工技术文档等的验收。为了很好地完成验收工作，需要了解相关知识。

5.5 相关知识——工程验收

5.5.1 工程验收相关标准

工程验收主要以《建筑与建筑群综合布线系统工程验收规范》作为技术标准。由于综合布线工程是一项系统性工程，不同的项目还会涉及其他一些技术标准。

（1）《大楼通信综合布线系统 第1部分：总规范》（YD/T 926.1—2009）。

（2）《综合布线系统电气特性通用测试方法》（YD/T 1013—2013）。

（3）《本地网通信线路工程验收规范》（YD 5121—2010）。

（4）《通信管道工程施工及验收技术规范（修订本）》（YDJ 39—1997）。

由于综合布线技术日新月异，技术标准的内容经常进行修订和补充，因此在验收时应注意使用最新版本的技术标准。

5.5.2 工程验收的具体内容

1. 随工验收

首先需要说明的是验收工作并不是在工程结束后才能进行，有些验收工作必须在施工过程中进行，如隐蔽工程、隧道布线等的验收，这就是随工验收。现将网络综合布线系统在施工过程中进行的验收工作归纳如下。

1）布线前需要检查的事项

（1）环境要求：地面、墙面、天花板内、电源插座、信息模块座、接地装置等要素的设计是否符合要求，设备间、管理间的设计是否符合要求，竖井、线槽、打洞位置是否符合要求，施工队伍及施工设备是否符合要求，活动地板的铺设是否符合要求。

（2）施工材料的检查：电缆、光缆是否按方案规定的要求购买，塑料槽管、金属槽管是否按方案规定的要求购买，机房设备如机柜、集线器、接线面板等是否按方案规定的要求购买，信息模块、座、盖是否按方案规定的要求购买。

（3）安全、防火要求：器材是否靠近火源，器材堆放是否做到了安全防盗，发生火情时能否及时提供消防设施。

2）检查设备安装

检查机柜安装的位置是否正确，规格、型号、外观是否符合要求，跳线制作是否规范，信息插座、盖的安装是否平、直、正，信息插座、盖是否用螺钉拧紧，标志是否齐全。

3）检查双绞线电缆和光缆布放

（1）检查桥架和线槽安装是否正确，安装是否符合要求，接地是否正确。

（2）检查电缆规格、路由是否正确，电缆的标号是否正确，电缆拐弯处是否符合规范要求，竖井的线槽、线缆固定是否牢靠，是否存在裸线，竖井层与楼层之间是否采取了防火措施。

4）检查室外布线

（1）架空布线检查：主要检查架设竖杆的位置是否正确，卡挂钩的间隔是否符合要求，吊线规格、垂直度、高度是否符合要求。

（2）管道布线检查：主要检查使用的管孔尺寸和位置是否合适，电缆规格、电缆路由及防护设施是否符合规范。

（3）挖沟布线（直埋）检查：主要检查光缆规格、铺设位置、深度，是否加了防护铁管，回填土是否夯实。

（4）隧道布线检查：主要检查电缆规格、安装位置、路由设计是否符合规范。

5）检查线缆终端安装

主要检查信息插座是否符合规范，配线架压线是否符合规范，光纤头制作是否符合要求，光纤插座是否符合规范等。

检验人员应在施工过程中进行随工验收，填好随工验收报告，若发现不合格的地方，要做到随时返工、随时解决问题。

2. 现场验收

现场验收包括以下主要内容。

1）工作区子系统验收

对于众多的工作区不可能逐一验收，通常由甲方挑选工作区进行验收。验收的重点如下。

（1）线槽走向、布线是否美观大方，且符合规范要求。

（2）信息插座是否按规范要求进行安装。

（3）信息插座安装是否做到高度一致、平直、牢固。

（4）信息面板是否固定牢靠。

2）配线子系统验收

对于配线子系统，验收的重点如下。

（1）线槽安装是否符合规范要求。

（2）线槽与线槽、线槽与槽盖之间是否接合良好。

（3）托架、吊杆是否安装牢固。

（4）配线子系统缆线与干线、工作区交接处是否出现裸线。

（5）配线子系统干线槽内的缆线是否固定好。

3）干线子系统验收

干线子系统的验收除了类似配线子系统的验收内容，还要检查建筑物楼层与楼层之间的洞口是否封闭好，以防发生火灾时成为隐患点；检查线缆是否按间隔要求固定，拐弯线缆是否符合最小弯曲半径要求等。

4）管理间、设备间子系统验收

主要检查设备安装是否规范，各种管理标志是否明晰。

5）文档验收

技术文档验收是布线工程验收的重要组成部分。完整的技术文档应包含电缆的标号、信息插座的标号、交接间配线电缆与干线电缆的跳接关系、配线架与交换机端口的对应关系等。有条件时应建立电子文档，以便以后维护管理使用。

为了便于工程验收和管理使用，施工单位应编制工程竣工技术文件，按协议或合同规定的要求交付所需要的文档。信息学院信息中心楼（2 号楼）的工程竣工技术文件主要包括以下几方面内容。

（1）竣工图纸。

竣工图纸包括总体设计图，施工设计图，配线架、色场区的配置图、色场图，配线架布放位置的详场图，配线表，信息点位布置竣工图等。

（2）工程核算书。

这主要用于综合布线系统工程的施工工程量核算，如干线的线缆规格和长度、楼层配线架的规格和数量等。

（3）器件明细表。

对整个布线工程中所用的设备、配线架、机柜和主要部件分别进行统计，清晰地列出其型号、规格和数量。

（4）测试记录。

这包括布线工程中各项技术指标和技术要求的随工验收、测试记录，如线缆的主要电气性能、光纤的光学传输特性等测试数据。

（5）隐蔽工程。

这包括直埋线缆或地下线缆管道等隐蔽工程经工程监理人员认可的签字证明材料；设备安装和线缆敷设工序告一段落时，经常驻工地代表或工程监理人员随工检查后的证明等原始记录。

（6）设计更改情况。

布线施工中有少量修改时，可利用原布线工程设计图进行更改补充，无须重作布线竣工图纸；但对布线施工中改动较大的部分，则应另作竣工图纸。

（7）施工说明。

这包括布线施工中一些重要部位或关键网段的布线施工说明，如建筑群配线架和建筑物配线架合用时连接端子的分区和容量等。

（8）软件文档。

在综合布线系统工程中，如采用计算机辅助设计，应提供程序设计说明及有关数据、操作使用说明、用户手册等文档资料。

（9）会议、洽谈记录。

在布线施工过程中由于各种客观因素变更或修改原有设计或采取相关技术措施时，应提供设计、建设和施工等单位之间对于这些变动情况的洽谈记录，以及布线施工中的检查记录等资料。

总之，工程竣工技术文件和相关文档资料应内容齐全、真实可靠、数据准确无误、语言通顺、层次清晰，不应有互相矛盾、彼此脱节、错误和遗漏等现象发生。

5.6 任务实施——案例工程项目验收

根据信息学院信息中心楼（2 号楼）的工程验收任务要求，通过相关知识的学习，我们明确了验收的相关标准，知道了验收的各项内容。由于验收内容较多，下面仅以 3 楼线缆验收和 3 楼设备间验收为例予以说明。

5.6.1 线缆验收

3 楼线缆验收记录表见表 5-7。

表 5-7 3 楼线缆验收记录表

综合布线系统性能检测分项工程技师验收记录表 编号：表 C.0.1-0903				
单位（子单位）工程名称		信息学院网络综合布线工程	子分部工程	综合布线系统
分项工程名称		系统性能检测	验收部位	2#—3 层
施工单位		××科技有限公司	项目经理	×××
施工执行标准名称及编号		《综合布线系统工程验收规范》（GB 50312—2016）		
分包单位		××科技有限公司	分包项目经理	
检测项目（主控项目） （执行本规范 9.3.4 条的规定）			检查评定记录	备注
1	工程电气性能检测	连接图	符合要求	执行本规范 8.0.2 条的规定
		长度	符合要求	
		衰减	符合要求	
		近端串扰（两段）	符合要求	
		其他特殊规定的测试内容	符合要求	

续表

检测项目（主控项目）（执行本规范 9.3.4 条的规定）			检查评定记录	备注
2	光纤特性检测	连通性	符合要求	执行本规范 8.0.2 条的规定
		衰减	符合要求	
		长度	符合要求	
检测意见： 经检测，符合《综合布线系统工程验收规范》的验收要求				
分包单位	××科技有限公司		分包项目经理	
（建设单位项目专业技术负责人）				
日期	××××年××月××日		日期	××××年××月××日

5.6.2 设备间验收

3 楼设备间验收记录表见表 5-8。

表 5-8 3 楼设备间验收记录表

综合布线系统性能检测分项工程技师验收记录表 编号：表 C.0.1-0903				
单位（子单位）工程名称		信息学院网络综合布线工程	子分部工程	综合布线系统
分项工程名称		系统安装质量检测	验收部位	3～5 层
施工单位	××科技有限公司		项目经理	×××
施工执行标准名称及编号		《综合布线系统工程验收规范》（GB 50312—2016）		
分包单位	××科技有限公司		分包项目经理	
检测项目（主控项目）（执行本规范 9.3.4 条的规定）			检查评定记录	备注
1	线缆终接		符合要求	执行本规范 6.0.2 条的规定
2	各类跳线的终接		符合要求	执行本规范 6.0.4 条的规定
3	机柜、机架、配线架的安装	符合规定	符合要求	执行本规范 4.0.1 条的规定
		设备底座	符合要求	
		预留空间	符合要求	
		紧固状况	符合要求	
		与地面之间的距离	符合要求	
		与桥架线槽的连接	符合要求	
		接线端子标志	符合要求	
4	信息插座的安装		符合要求	执行本规范 4.0.3 条的规定
检测意见： 经检测，符合《综合布线系统工程验收规范》的验收要求				
监理工程师签字			检测机构负责人签字	
（建设单位项目专业技术负责人）				
日期	××××年××月××日		日期	××××年××月××日

5.7 同步训练

5.7.1 思考与练习

（1）简述DSP-100测试仪的测试步骤。
（2）综合布线系统工程验收的技术标准是什么？
（3）如何组织竣工验收？

5.7.2 实训

实训一：DSP-100 测试仪的使用及设置

1. 实训题目

DSP-100 测试仪的使用及设置。

2. 实训目的

学会根据实际需要对 DSP-100 测试仪进行正确设置。

3. 实训内容

利用所给器材完成电缆测试。
实训器材：
（1）DSP-100 测试仪一台。
（2）智能/标准远端器一台。
（3）15cm 和 2m 的标准 RJ45 跳线各一根。

4. 实训方法

1）测试仪验机——自校正

出厂前，每一台测试仪都与在同一个包装中的远端器进行过校正。如果要将测试仪与其他远端器一起使用，就必须进行自校正，以便将新的远端器的校正参数记录下来。在标准远端器的电池更换后也必须重新进行校正（注意：在进行自校正之前，测试仪需要预热1分钟）。

自校正的操作步骤如下：

（1）将旋钮开关转至________________________________。

（2）按上、下方向键突出显示________________________选项，然后按 ENTER 键进入。

（3）使用 15cm 的跳线连接主机（左侧为 RJ45 接口）与智能/标准远端器，按________开始校正。

校正结果为________________________________，说明自校正____________（成功/失败）。

如果自校正失败，应检查测试仪主机与远端器连接是否正确，接线电缆是否断裂或损坏，主机和远端器的接口是否损坏。如果这些检查均正常而自校正仍然不成功，应立即向教师报告。

2）测试仪验机——自检

自检是检验测试仪和远端器能否正常工作。自检的操作步骤如下：

（1）将旋钮开关转至____________________。

（2）按上、下方向键突出显示________________选项，然后按[ENTER]键进入。

（3）使用2m的跳线连接主机（左侧为RJ45接口）与智能/标准远端器，按________开始自检。

自检结果为______________________，说明自检________（成功/失败）。

如果自检失败，应检查测试仪主机与远端器连接是否正确，接线电缆是否断裂或损坏，主机和远端器的接口是否损坏。如果这些检查均正常而自检仍然不成功，应立即向教师报告（注意：应先进行自校正，再进行自检）。

3）测试仪参数设置——选择测试标准和电缆类型

在进行电缆测试之前，一般都要选择与被测电缆相符的测试标准和电缆类型。

（1）测试标准。

① 布线国际标准：TIA、ISO标准等。

② 国家标准：GB 50312—2016。

③ 网络标准：100BASE-TX等。

（2）电缆类型及特性阻抗。

① UTP（100Ω）：非屏蔽双绞线。

② ScTP（100 /120/150Ω）：箔制屏蔽双绞线。

（3）选择测试标准和电缆类型的操作步骤如下：

① 将旋钮开关转至____________位置。

② 选择__________________选项，按[1]（Choice）键或[ENTER]键进入。

③ 按▼、▲键突出显示所需要的测试标准。

④ 按[ENTER]键确认突出显示的标准，测试仪将显示该标准所对应的电缆类型。

⑤ 按▼、▲键选择所需要的电缆类型，然后按[ENTER]键确认。

你所选择的测试标准为________________，所选择的电缆类型为________________（建议选择100BASE-TX UTP 100 Ohm Cat5）。

（4）设置结果。

① 所设置的编辑报告识别信息选项的客户名称为____________，测试人为____________，测试地点为__________________。

② 远端测试结果为_______________。

③ 设置电缆识别号码为____________。

④ 设置脉冲噪声电平为____________。

⑤ 长度单位设置为__________。

⑥ 数值格式设置为________________。
⑦ 显示和报告的语言设置为____________________。
⑧ 选择电源滤波频率为_________________。
⑨ 选择最大测试频率为_________________。

5. 实训总结

（1）根据实训情况，记录操作过程。
（2）按照附录所给实训报告样表填写报告。

实训二：双绞线电缆的单项测试

1. 实训题目

双绞线电缆的单项测试。

2. 实训目的

通过本实训，学会正确使用 DSP-100 测试仪进行双绞线电缆测试。

3. 实训内容

利用所给器材完成电缆测试。
实训器材：
（1）DSP-100 测试仪一台。
（2）智能/标准远端器一台。
（3）15cm 和 2m 的标准 RJ45 跳线各一根。
（4）待测双绞线电缆若干。

4. 实训方法

将测试仪按照需要设置好后就可以进行单项测试了。首先把待测电缆按要求连接好，然后将旋钮开关转至“SINGLE TEST”位置，显示屏上将显示各测试项目，按上、下方向键选择所需测试项目进行测试。请将测试结果记录在下面的横线上。

（1）电缆长度的测试结果：Pair__________，Length____________，Result______________。
Pair__________，Length____________，Result______________。
（2）传输延迟的测试结果：Pair__________，Delay____________。
Pair__________，Delay____________。
（3）延迟偏离的测试结果：Pair__________，Delay Skew____________。
Pair__________，Delay Skew____________。
（4）特性阻抗的测试结果：Pair__________，Result________________。
Pair__________，Result________________。
（说明：阻抗测量要求电缆长度不能小于 5m，如果电缆短于该长度，则总是显示合格。）
（5）电阻测试的结果：Pair__________，Resistance________________。
Pair__________，Resistance________________。
（6）时域串扰分析的结果：Pair__________，Peak____________，Distance____________。
Pair__________，Peak____________，Distance____________。

在下面的方框中画出任意一对线的 TDX 曲线。

TDX 测试的结果分析：____

____。

（7）时域反射测试的结果：Pair__________，Distance__________，Peak__________。

Pair__________，Distance__________，Peak__________。

在下面的方框中画出任意一对线的 TDR 曲线。

TDX 曲线

TDR 曲线

（8）接线图的测试结果：____________________。

在下面的方框中画出所测电缆的接线图。

（9）衰减的测试结果：Pair___________，Result___________，Attenuation___________，

Frequency___________，Limit___________，Margin___________。

Pair___________，Result___________，Attenuation___________，

Frequency___________，Limit___________，Margin___________。

在下面的方框中画出衰减曲线。

接线图

衰减曲线

5. 实训总结

（1）根据实训情况，记录操作过程。
（2）按照附录所给实训报告样表填写报告。

实训三：自动测试和网络监测

1. 实训题目

自动测试和网络监测。

2. 实训目的

学会使用 DSP-100 测试仪进行自动测试和网络监测。

3. 实训内容

利用所给器材完成电缆测试。

实训器材：

（1）DSP-100 测试仪一台。

（2）智能/标准远端器一台。

（3）待测网络。

（4）15cm 和 2m 的标准 RJ45 跳线各一根。

（5）待测双绞线电缆若干。

4. 实训方法

在测试之前，要先进行测试仪自校正和自检。注意：自校正采用 15cm 的跳线连接测试仪和远端器，而自检采用 2m 的跳线连接测试议和远端器。把双绞线电缆按要求连接好，将旋钮开关转至“AUTOTEST”位置即可进行自动测试。

请将自动测试的结果记录在下方横线上。

（1）接线图测试结果：_______________。

（2）电阻测试结果：Pair__________，Resistance_________________。

Pair__________，Resistance_________________。

（3）电缆长度的测试结果：Pair__________，Length___________，Result_______________。

Pair__________，Length___________，Result_______________。

（4）传输延迟的测试结果：Pair__________，Delay_____________。

Pair__________，Delay_____________。

（5）延迟偏离的测试结果：Pair__________，Delay Skew_____________。

Pair__________，Delay Skew_____________。

（6）特性阻抗的测试结果：Pair__________，Result________________。

Pair__________，Result________________。

（7）衰减的测试结果：Pair___________，Result___________，Attenuation____________，

Frequency___________，Limit___________，Margin____________。

Pair___________，Result___________，Attenuation____________，

Frequency___________，Limit___________，Margin____________。

（8）近端串扰的测试结果：Pairs____________________，Result__________________，

Frequency________________，Limit___________________，

Margin________________。

在下面的方框中画出 NEXT 曲线。

（9）衰减串扰比的测试结果：Pairs________________，Atten.Pair_________________，

Result_______________，ACR______________________，

Frequency_________________，Limit________________，

Margin_________________。

在下面的方框中画出 ACR 曲线。

NEXT 曲线

ACR 曲线

5. 实训总结

（1）根据实训情况，记录操作过程。
（2）按照附录所给实训报告样表填写报告。

实训四：工程模拟验收

1. 实训题目

工程模拟验收。

2. 实训目的

掌握工程验收的基本步骤及内容。

3. 实训内容

在前期实训的基础上完成一个机房的布线工程验收。

4. 实训方法

按本书介绍的方法，在教师的指导下完成实训。

5. 实训总结

（1）根据实训情况，记录操作过程。
（2）按照附录所给实训报告样表填写报告。

模块 6

综合布线系统工程文档

学习目标

【知识目标】

◆ 了解工程文档的组成。
◆ 熟悉工程文档编写方法。
◆ 掌握工程文档维护和管理方法。

【能力目标】

◆ 在实际工作中能够对工程文档进行管理。
◆ 在实际工作中能够正确使用工程文档。

6.1 任务 工程文档编写与管理

6.1.1 任务引入

工程文档编写与管理是综合布线系统工程的一个重要组成部分，贯穿于整个工程。工程文档是综合布线系统工程设计、施工及验收的依据。以信息学院网络综合布线系统工程为例，该工程主要涉及以下几种文档。

（1）招标文档。
（2）投标文档。
（3）工程施工文档。
（4）工程验收文档。

6.1.2 任务分析

在信息学院网络综合布线系统工程中，招标文档是甲方对该布线系统工程的具体要求和要达到的目标；投标文档是乙方根据自身情况所做出的技术设计和整个工程的报价；工程施工文档是乙方在中标后根据甲方实际情况所做出的标准化技术设计，是双方认可的工程规范；工程验收文档是工程结束后验收的结果，是判断工程是否符合国家标准的主要依据。要完成上述各种文档的编写与管理，必须了解一些相关知识。

6.2 相关知识——工程文档

6.2.1 工程文档的分类

从形式上看，工程文档大致可以分为两类：一类是综合布线系统工程设计过程中填写的各种图表，可称之为工作表格；另一类是应编制的技术资料或技术管理资料，可称之为文件。

工程文档的编制可以采用自然语言、特别设计的形式语言、介于两者之间的半形式语言（结构化语言）、各类图形和表格等。

按照产生和使用的范围，工程文档大致可以分为以下三类。

（1）开发文档：这类文档是在综合布线系统工程设计过程中，作为综合布线系统工程设计人员现阶段工作成果的体现和后一阶段工作依据的文档。它包括需求说明书、数据要求说明书、概要设计书、详细设计书、详细设计说明书、可行性研究说明书和项目开发计划等。

（2）管理文档：这类文档是在综合布线系统工程设计过程中，由综合布线系统工程设计人员制订的工作计划或工作报告。管理人员通过这些文档能够了解综合布线系统工程项目的安排、进度、资源使用和成果等。

（3）用户文档：这类文档是综合布线系统工程设计人员为用户准备的有关系统使用、操作和维护的资料，包括用户手册、操作手册、维护修改手册、需求说明书等。

6.2.2 工程文档的编写

虽然工程项目各不相同，但工程文档的编写方法大同小异，下面重点介绍几种具有代表性的综合布线系统工程文档的编写。

1. 招标文档

工程项目招标是指用户（甲方）对投标人进行审查、评议和选定的过程。首先，用户（甲方）对项目的建设地点、规模容量、质量要求和工程进度等予以明确后，进行招标；然后，用户（甲方）根据投标人的技术方案、工程报价、技术水平、人员组成及素质、施工能力和措施、工程经验、企业财务状况及信誉等进行综合评价、全面分析，选择中标人后与之签订承包合同。

工程项目招标可分为公开招标和邀请招标。无论采用何种招标方式，用户（甲方）都必须按照规定的程序进行招标，要制作统一的招标文档。

招标文档一般应包括下列内容。

（1）投标人须知。这是招标文档中反映招标人招标意图的部分，每个条款都是投标人应该知晓和遵守的规则的说明。

（2）招标项目的性质和数量，如校园网综合布线系统工程所涉及的区域及数量等。

（3）技术规格。招标项目的技术规格是招标文档中最重要的内容之一，是指招标项目在技术、质量方面的标准要求。一般情况下，招标文档规定的技术规格应采用国际或国内公认、法定标准。本例中的技术规格以国家标准和行业标准为主。

（4）报价要求。报价是招标人评标时衡量的一个重要因素。在工程招标时，一般应要求投标人给出完成工程的各项单价和一揽子价格。

（5）评标的标准和方法。评标时只能采用招标文档中已列明的标准和方法，不得另定。

（6）交货、竣工或提供服务的时间。

（7）投标人应当提供的有关资格和资信证明文件。

（8）履约保证金的数额。

（9）投标文档的编制要求。

（10）提供投标文档的方式、地点和截止时间。

（11）开标、评标的日程安排。

（12）主要合同条款。主要合同条款应明确要完成的工程范围、供货范围、招标人与中标人各自的权利和义务。除一般合同条款外，合同中还应包括招标项目的特殊合同条款等内容。

2. 投标文档

投标人应当按照招标文档的要求编写投标文档，并做出实质性响应。投标文档应当对招标文档提出的实质性要求和条件做出响应。投标文档中应包括项目负责人和技术人员的职责、简历、业绩和证明文件及项目的施工器械、设备配置情况等。

投标人是响应招标、参加投标竞争的法人或其他组织。

1）投标文档的组成

投标文档通常由下列文件组成：投标书、投标书附件、法定代表人资格证明书、授权委托书、具有标价的工程量清单与报价单、施工计划、资格审查表、对招标文档中的合同条款内容的确认与响应，以及按招标文档规定提交的其他资料。

2）投标文档的编写

（1）编写前的准备。

投标文档是投标人参与投标竞争的重要凭证，是评标、决标和订立合同的依据，是投标人素质的综合反映。因此，投标人对投标文档应予以足够的重视。

编制投标文档之前，应从以下几方面做好准备。

① 进行现场考察。

现场考察应重点了解以下情况：建筑物施工情况，工地及周边环境、电力等情况，本工程与其他工程间的关系，工地附近住宿及加工条件等。

② 分析招标文档。

招标文档是投标的主要依据，研究招标文档应重点考虑以下几方面：投标人须知、合同条件、设计图纸、工程量等。

③ 校核工程量。

投标人应根据工程规模核准工程量，并做询价与市场调查，这对于工程的总造价影响较大。

④ 预算施工成本。

应在保证工程质量与工期的前提下，通过分析施工方法、进度和劳动力情况，预算成本和利润。

（2）编制投标文档。

投标人应严格按照招标文档中的投标须知、合同条款附件的要求编制投标文档，逐项逐条回答招标文档，顺序和编号应与招标文档一致，一般不带任何附加条件，否则会导致投标作废。投标文档对招标文档中的条款未提出异议，均被视为接受和同意。

投标文档一般包括商务文件和技术方案两部分，要特别注意技术方案的描述。技术方案应根据招标文档中提出的建筑物的平面图及功能划分、信息点的分布情况、布线系统应达到的等级标准、推荐产品的型号规格、遵循的标准和规范、安装及测试要求等，做出较完整的论述。技术方案应具有一定的深度，包括布线系统的配置方案和安装设计方案，也可提出建议性的技术方案供用户（甲方）评议。布线系统设计应遵循下列原则：

① 先进性、成熟性和实用性。

② 服务性和便利性。

③ 经济合理性。

④ 标准化。

⑤ 灵活性和开放性。

⑥ 集成化和可扩展性。

目前，布线系统所支持的工程与建筑物包括办公楼与商务楼、电信枢纽、医院、校园、购物广场与超市、博物馆、会展和新闻中心、机场、住宅、保密专项工程等类型。投标文档应按上述工程类型，提出具有特点和切实可行的技术方案。

3. 工程施工文档

综合布线系统工程技术含量较高，对各项技术指标有严格的要求，因此必须有严格、合理的工程施工文档，主要包括工程技术文件报审表、施工进度计划报审表、设计变更通知单、工程物资进场报验表等。工程施工文档的编写应注意以下三点。

（1）随干随写，切忌突击完成。

（2）记录是工程实际的客观反映，切忌“言行不一”。

（3）项目变更必须按规定程序操作，切忌“先斩后奏”。

4. 工程验收文档

工程验收文档用于记录各项验收结果，主要包括工程设计文档和工程竣工文档。

工程验收文档和相关资料应做到内容齐全、数据准确无误、文字表达条理清晰、图表清楚，无相互矛盾、彼此脱节和错误遗漏等现象存在。工程验收文档通常一式三份，如有多个单位需要，可适当增加份数。

1）工程设计文档

工程设计文档是综合布线系统工程验收文档的重要组成部分。完整的工程设计文档应包括电缆的编号、信息插座的标号、交接间配线电缆与垂直电缆的跳接关系、配线架与交换机端口的对应关系等。最好建立电子文档，以便于以后的维护与管理。其具体内容如下：

（1）综合布线系统总图。

（2）综合布线系统信息点分布平面图。

（3）综合布线系统各个配线区（管理）布局图。

（4）信息端口与配线架端口位置的对应关系表。

（5）综合布线系统路由图。

（6）综合布线系统性能测试报告。

2）工程竣工文档

工程竣工后，施工单位应在工程验收以前将工程竣工文档交给建设单位。综合布线系统工程竣工文档应包括以下内容：

（1）安装工程量。

（2）工程说明。

（3）设备、器材明细表。

（4）竣工图纸（施工中更改后的施工设计图）。

（5）测试记录。

（6）工程变更、检查记录及施工过程中需要更改设计或采取相关措施的记录，即建设方、设计方、施工方、监理方等单位之间的洽谈记录。

（7）随工验收记录。

（8）隐蔽工程签证。

（9）工程决算。

6.2.3 工程文档的管理和维护

（1）工程项目小组应设一个文档管理员，负责保管本项目已有文档的两套主文本，这两套主文本的内容完全一样，其中的一套可供借阅。

（2）工程项目小组的成员可根据工作需要自行保管一些个人文档。这些文档一般是主文本的副本，并与主文本保持一致，在做必要的修改时应更新主文本。

（3）工程项目小组的成员只保管与本人工作有关的部分文档。

（4）在新文档取代旧文档时，管理人员应及时注销旧文档。在文档的内容有变动时，管理人员应及时修订主文本。

（5）项目开发结束时，文档管理员应收回开发人员的个人文档。发现个人文档与主文本有差别时，应立即解决。

（6）在工程项目实施过程中，可能需要修改已经完成的文档。对于规模较大的项目，主文本的修改必须特别谨慎。修改前要充分评估修改可能带来的影响，并且要按照提议、评议、审核、批准、实施的步骤加以严格控制。

6.3 任务实施——案例工程文档

前面介绍了网络综合布线系统工程文档的编写和管理方法，现对信息学院网络综合布线系统工程所涉及的各类文档简述如下。

6.3.1 信息学院网络综合布线系统工程招标文档

信息学院网络综合布线系统工程招标书

1. 信息学院概况

（1）楼宇的地理位置及分布情况。
（2）各建筑物的建筑面积、高度、用途、特点等。

2. 投标单位应具备的条件和资质

（1）法人资格证书、营业许可证、法人委托书。
（2）其他有关的资质证书。
（3）先进、健全的质保体系。
（4）设计能力、施工队伍、测试手段、业绩。
（5）社会信誉。

3. 标书要求

（1）系统设计方案。
（2）设计目标和特点。
（3）系统设计原则：开放性、可扩展性、灵活性、安全性、成熟性。
（4）设计依据、技术指标、执行标准。
（5）针对自身特点的具体要求。
（6）各种设备、材料的标准和品牌。
（7）系统的远景规划及升级换代方案。
（8）系统报价。
（9）施工组织方案。
（10）系统投资概算：
① 系统硬件设备费。
② 系统软件费。
③ 工程服务费。
④ 施工安装和材料费。
⑤ 包装运输费。

⑥ 技术培训费。
⑦ 耗材费用。
⑧ 其他费用。
（11）付款方式及条件：
① 是否有预付款。
② 付款周期。
③ 质保金扣除方式及时间。
④ 工程款调整方式及条件。
⑤ 违反合同的赔款。
（12）工程期限及质量要求：
① 时间是否确定或由投标方提出。
② 工程质量合格或优良。
③ 未达到技术要求的赔款。
④ 是否有优质优价要求。
（13）质量保证及售后服务的要求：
① 质保要求。
② 是否要求质量保证体系。
③ 其他要求。

4. 其他内容

甲方能够提供的条件：
（1）现有条件。
（2）工程协调。
（3）双方配合。
（4）收费标准、投标时间、地点。
（5）评标方式。
（6）标书数量。

6.3.2 信息学院网络综合布线系统工程投标文档

信息学院网络综合布线系统工程投标书

---

1. 信息学院网络综合布线系统工程整体方案

（1）综合布线系统简介。
（2）综合布线系统的优势。
（3）综合布线系统的组成。
（4）选型原则及产品简介。
（5）综合布线系统设计方案。

2. 信息学院网络综合布线系统工程施工方案

（1）工程施工组织方案。
（2）工程进度计划。
（3）施工安全措施。
（4）施工期限。

3. 信息学院网络综合布线系统工程测试方案

（1）测试时间。
（2）测试方法及手段。

4. 信息学院网络综合布线系统工程总报价

（1）系统设计费。
（2）材料及设备费。
（3）工程施工费。
（4）土建施工配合费。
（5）管理费。
（6）其他费用。
（7）报价依据。

5. 优惠承诺及售后服务

（1）价格优惠让利程度。
（2）质保期限。
（3）售后服务体系。
（4）技术培训。
（5）技术支持。

6. ××公司资质文件

（1）营业执照。
（2）资质证书。
（3）人员组成。
（4）技术力量。
（5）施工人员简历。
（6）其他相关证书。

6.3.3 信息学院网络综合布线系统工程实施合同

依据上述招标和投标内容，信息学院组织专家对投标公司进行了评审，最终北京美江在线科技发展有限公司中标。以下是双方的工程实施合同。

信息学院网络综合布线系统工程实施合同

甲方：信息学院
地址：中央大街 183 号
电话：26546128
传真：26374218
邮编：100138

乙方：北京美江在线科技发展有限公司
地址：北京市西城区德外大街美江大厦
电话：86213328
传真：82082319
邮编：100088

信息学院（以下简称甲方）与北京美江在线科技发展有限公司（以下简称乙方）为明确双方在合作过程中的权利、义务和责任，经友好协商，签订本合同。

总则：

乙方是一家提供通信、计算机网络系统集成及综合布线系统施工的专业公司，其技术人员具有施工安装及设计培训的认证书。

甲方同意按下列条款委托乙方实施信息中心楼（2 号楼）计算机网络布线系统工程，包括布线材料供应、工程实施和测试文档的制作及竣工资料归档。

乙方同意按下列条款承包甲方提出的信息中心楼（2 号楼）计算机网络布线系统工程的设计、施工、安装、测试等项目内容。

第一条 工程实施项目

一、工程名称：信息学院网络综合布线系统工程。

二、工程地点：信息学院。

三、主管单位：电子信息集团公司。

四、工程实施总报价：人民币 298000.00 元（详见工程预算书）。

五、工程内容及承包范围：

1. 工程施工材料及所有技术资料的整理，并交甲方一份。

2. 实施工程包括综合布线系统工程布线材料的供应、施工、安装、测试等内容。

第二条 工程期限

一、本合同工程实施按甲方装修进度进行。

二、每层穿线时间约为 5 天。

第三条 工程质量

经双方研究，本工程质量应达到以下要求：

1. 乙方必须严格按照双方确认后的施工图纸和 ANSI/TIA/EIA 568 标准进行施工，并接受甲方指派代表的监督。

2. 乙方提供的材料须与材料清单相符，并经甲方抽测、核对确认无误后方可用于工程。

3. 工程完工后，由乙方负责对工程进行全面测试，并向甲方提供完整的测试报告。

4. 工程竣工后，由乙方按规定对工程进行保修，保修时间自通过竣工验收之日算起，为期一年。

第四条 工程实施费用的支付与结算

一、本合同工程总价：人民币 298000.00 元，其大写为贰拾玖万捌仟元整。

二、合同签订且进场施工开始后 7 日内，甲方向乙方支付总合同款的 40%，即人民币 119200.00 元，其大写为壹拾壹万玖仟贰佰元整。

三、工程全部完工并经验收合格后 7 日内，甲方向乙方支付总合同款的 55%，即人民币 163900.00 元，其大写为壹拾陆万叁仟玖佰元整。

四、工程验收合格之日起保修一年，期满后 3 日内甲方向乙方支付总合同款的 5%，即人民币 14900.00 元，其大写为壹万肆仟玖佰元整。

五、工程总费用按实际情况结算，增减项目办理由甲、乙双方洽商解决。

第五条　施工与变更设计

在施工中如发现乙方的设计与实际施工不相符的地方，乙方应及时通知甲方，由甲方及时研究确定修改意见并以书面形式给出，经双方确认后，乙方按书面修改意见进行工程施工；若因甲方原因调整工程施工，乙方可相应调整材料及工程实施合同造价，待双方确认后实施。如因此引起工程拖延，则工期顺延。

在施工中，若甲方要求变更施工设计，应向乙方提出书面要求，并经乙方同意。若因变更引起工程拖延，则工期顺延。若甲方的设计变更影响到工程量、工程材料和作业程序，乙方可相应调整工程造价，待甲方确认后实施。

第六条　工程验收

一、乙方完成工程施工和安装测试后，应提交竣工图纸、配线间编号表、测试报告等文档。甲方应在收到通知后的 14 日内对测试结果进行审查并验收，否则视为验收合格。

二、验收内容：综合布线系统测试。

三、验收标准：

1. 布线系统测试验收按国家标准《建筑与建筑群综合布线系统工程验收规范》进行，信息点按 100MHz 对应的标准进行测试验收。

2. 乙方应向甲方提供完整的测试报告和配线端接表。

3. 甲方有权进行抽测，如抽测结果与乙方的不符（未达到测试标准的要求），则乙方必须重新进行测试认证，必要时应进行修改，直至达到标准要求。

4. 在规定的一年保修期内，凡因乙方施工造成的质量事故和质量缺陷均由乙方无偿保修。

5. 工程完工后，乙方负责立即申请 Avaya 公司签发的关于本工程的 15 年质保证书，同时保证本工程符合 Avaya 公司的质量要求。

第七条　违约责任

乙方的责任：

1. 工程质量不符合合同规定的，负责无偿维修。

2. 乙方施工中使用假冒伪劣产品，按合同总金额百分之三百赔偿。

甲方的责任：

1. 在施工前和工程实施过程中，甲方须让乙方工作人员在规定的时间内进入工程地点，甲方提供材料存放场地和库房。

2. 乙方验收通知书送达甲方后，甲方应在 14 日内尽快组织验收（并通知乙方），否则视为验收合格。

3. 甲方如无正当理由，不按合同规定拨付工程款，则按银行有关逾期付款办法的规定，每逾期一天以未付款部分金额的千分之五偿付乙方违约金，但总违约金不超过该工程实施总价的百分之二十。

第八条 双方一般责任

一、甲、乙双方在工程实施之前指定专人为代表，负责协调、交换、协商、处理在施工过程中所发生的一般事宜。必要时，应请示各自的上级主管负责人，以求问题的迅速解决。

二、甲方应向乙方提供简易库房一间，供乙方存放材料、工具及员工休息所用。主要材料到货后，甲、乙双方办理验收手续，签收后存放在简易库房内，由乙方人员负责保管、随时取用，材料损坏和丢失由乙方负责。

三、乙方应坚持安全和文明施工。乙方要保证施工人员的政治思想、业务素质及人身安全并将名单报给甲方，施工人员必须遵守法律、法规和条例。

第九条 纠纷解决办法

本合同依据中华人民共和国有关法律、法规的规定执行，对于执行本合同所发生的与本合同有关的争议，双方应通过友好协商解决。如经协商不能解决，任何一方均可依法向人民法院提起诉讼。在争议处理过程中，除正在协商的部分外，合同的其他部分应继续执行。

第十条 附则

一、本合同一式四份，具有同等法律效力，甲、乙双方各执正本二份。

二、本合同自双方法定代表人或其委托代理人签字，加盖双方公章或合同专用章即生效，有效期一年。

三、本合同签订后，甲、乙双方如要提出修改，经双方协商一致后，可以签订补充协议，作为本合同的补充合同。

四、本合同的未尽事宜，由双方友好协商解决。

五、附件与合同具有同等法律效力。

六、工程预算书作为本合同附件。

甲方：信息学院	乙方：北京美江在线科技发展有限公司
地址：	地址：
代表人：	代表人：
盖章：	盖章：
日期：	日期：

附件：工程预算书。

附件：

信息学院网络综合布线系统工程预算书

日期：2001 年 9 月 20 日

序号	产品	型号	单位	单价（元）	数量	总价（元）
一、双绞线部分						
1	超 5 类非屏蔽插座模块	MPS100E-262	ea	36.00	86	3,096.00
2	双孔模块面板	国产	ea	10.00	43	430.00
3	RJ45 数据跳线	自制（3m）	ea	30.00	40	1,200.00
4	超 5 类非屏蔽双绞线	1061C+004csl	1000ft	690.00	20	13,800.00
5	24 口配线架	PM2150B-24	ea	1200.00	4	4,800.00
6	1U 过线槽	国产	ea	60.00	32	1,920.00
7	RJ45 数据跳线	自制（1.5m）	ea	25.00	40	1,000.00
8	机柜	1.6m 国产	ea	1900.00	22	41,800.00
小计：						68,046.00
二、光纤部分						
1	6 芯室外多模光缆	LGBC-006D	m	32.00	2500	80,000.00
2	ST 接头	P2020C-125	ea	60.00	580	34,800.00
3	耦合器	C2000A-2	ea	55.00	528	29,040.00
4	光纤配线架	600A-2	ea	810.00	33	26,730.00
5	耦合器适配板	24ST	ea	260.00	11	2,860.00
6	耦合器适配板	12ST	ea	250.00	22	5,500.00
7	防尘盖	183U1	ea	230.00	33	7,590.00
8	光纤消耗品	D182038	套	2100.00	3	6,300.00
9	机柜	2m 国产	ea	2300.00	1	2,300.00
小计：						195,120.00
（1）合计：						263,166.00
（2）布线施工费：						90,824.64
工程总造价：						353,990.64
最终优惠价：						298,000.00

6.3.4 信息学院网络综合布线系统工程施工文档

信息学院网络综合布线系统工程施工文档主要包括施工项目说明、项目实施说明和项目更改说明。

1. 施工项目说明

信息学院网络综合布线系统工程自2001年11月19日开工，历时12天，于2001年12月1日竣工。工程施工中我公司技术人员按照院方需求进行科学、严谨、细致、合理的分工实施，实施方案得到院领导、设备处和各系教师的认可，工程实施中院领导和涉及施工部门的教师给我们提供了大力支持和帮助，我公司及全体施工人员对此深表谢意。

此工程包含以下六部分内容。

（1）2号楼5层主控机房网络布线工程（强电、弱电布线，抗静电地板接地、改造，机房隔断建设，原布线线缆整理）。

（2）1号楼与2号楼主控机房光纤铺设。

（3）主控机房内核心交换机、防火墙、服务器的安装、调试。

（4）1、2、3、4号楼分支交换机安装与核心交换机连接调试。

（5）2号楼1层专家会议室8个信息点布线。

（6）4号楼2、4、6、8、10层弱电控制室强电连接、排风扇安装。

2. 项目实施说明

（1）主控机房强电、弱电布线。

① 在原有闸箱旁明装6路闸箱（2路备用）分控设备给机房内供电。

总闸为100A，连接原闸箱总控开关下口，分路使用32A开关进行分控。各路分配如下：第一路隔断外三路墙面插座，第二路管理机柜方墙面开关，第三路管理服务器方墙面开关，第四路管理核心路由器方墙面开关。

② 使用3芯护套线作为强电主干及分支，给各路供电。终端使用86盒明装在静电地板上方。静电地板下方使用钢线槽进行保护和屏蔽强电，线路由总控闸箱下方静电地板顺墙边沿逆时针方向铺设。在隔断外静电地板下方安装接地盒连接各排静电地板支柱并连接到总闸箱地极消除静电，避免设备因静电而受损。

（2）1号楼与主控机房光纤铺设。

由主控机房房顶板层通过2号楼原有弱电井进入2号楼外原设地井，通过网通弱电地井接入1号楼楼口，打通立墙后沿楼道原有线槽接入1号楼控制室的分支交换机。

（3）主控机房内核心交换机、防火墙、服务器的安装、调试。

锐捷65系列核心交换机安装在原有机柜内，我公司技术人员已测通全部光纤并保存数据（包括我方所铺设的一条室外光纤及原有室外光纤、室内光纤200多芯），每条光纤使用其中2芯通过光纤跳线连接到核心交换机，调试是否畅通。锐捷防火墙安装在核心交换机上方并已启用，服务器安装在新机柜内且系统安装、调试完成。

（4）1、2、3、4号楼分支交换机安装和核心交换机连接调试。

各楼及各楼层间与核心交换机连接使用锐捷2126S千兆智能管理型交换机作为分支，按学院要求安装到位并全部与核心交换机连接畅通。

（5）2号楼1层专家会议室布线。

2号楼1层专家会议室原无布线点，现学院要求会议室内预留8个信息点并可访问Internet。经过现场勘察，决定在5层主控制室利用3层原有网络分配1个IP地址通过锐捷防火墙做 NAT 服务接入核心交换机，再由核心交换机对应 1 层弱电控制柜内锐捷分支交换机连接到会议室一台 24 口交换机上，使会议室 8 台笔记本电脑可同时访问 Internet（为每台笔记本电脑分配静态 IP 地址并接入现场 14 口交换机）。

（6）4 号楼 2、4、6、8、10 层弱电控制室强电连接、排风扇安装。

4 号楼没有预设排风功能，考虑到夏天炎热，在其上方安装排风扇，以降低室内温度。由电闸箱控制开关接出强电接线板，然后接入机柜为机柜及交换机供电。

3. 项目更改说明

（1）主控机房强电、弱电更改：原方案隔断外 4 个强、弱电点更改为 3 个，隔断内 5 个强、弱电点更改为 6 个。

（2）1 号楼光纤接入楼内没有从原有光纤口进入，而是重新打通过墙眼穿入，原因是怕影响原有光纤传输质量。

（3）原方案未涉及 2 号楼 1 层专家会议室布线和 4 号楼 2、4、6、8、10 层弱电井安装强电接线板和排风设备，经协商已全部安装、调试到位。

除此之外，施工文档也可采用工程技术文件报审表、施工进度计划报审表、设计变更通知单及工程物资进场报验表等工程表格，见表 6-1～表 6-4。

表 6-1 工程技术文件报审表

工程技术文件报审表				编号	***
工程名称	信息学院网络综合布线系统工程			日期	××××年××月×日
现报上关于	信息学院网络综合布线系统工程			工程技术文件，请予审定	
序号	类别		编制人	册数	页数
1	信息学院网络综合布线系统工程施工方案		×××	1	48
编制单位名称：	××科技有限公司				
技术负责人（签字）：			申报人（签字）：		
施工单位审核意见：					
该工程施工方案编制齐全完备，具有可操作性，可按此施工方案组织施工					
	附页				
施工单位名称：	××科技有限公司	审核人（签字）：		审核日期：	××××年××月×日
监理单位审核意见：					
审定结论：					
监理单位名称：	××监理有限公司	总监理工程师（签字）：		日期：	××××年××月×日
注：本表由施工单位填报，建设单位、监理单位、施工单位各存一份					

表 6-2　施工进度计划报审表

施工进度计划报审表							编号	***
工程名称	信息学院网络综合布线系统工程						日期	××××年××月×日
致	××监理有限公司						（监理单位）:	
	现报上	××××	年	×	季	×	月	工程施工进度计划，请予以审查和批准
附件：	1.	1	施工进度计划（说明、图表、工程量、工作量、资源配备）					
		1	份					
	2.							
施工单位名称：							项目经理（签字）:	
审查意见：								
			监理工程师（签字）：				日期：	年　月　日
审批结论：								
监理单位名称：	××监理有限公司		总监理工程师（签字）：				日期：	年　月　日
注：本表由施工单位填报，建设单位、监理单位、施工单位各存一份								

表 6-3　设计变更通知单

设计变更通知单				编号	***
工程名称	信息学院网络综合布线系统工程			专业名称	弱电
设计单位名称	××科技有限公司			日期	××××年××月×日
序号	图号	变 更 内 容			
1	电施-28	3 层增加两个地插式信息点			
签字栏	建设（监理）单位		设计单位		施工单位
	××监理有限公司		××科技有限公司		××科技有限公司

1．本表由建设单位、监理单位、施工单位和城建档案馆各保存一份

2．涉及图纸修改的必须注明应修改图纸的图号

3．不可将不同专业的设计变更放在同一份变更通知单上

4．“专业名称”栏应按专业填写，如建筑、结构、给排水、电气、通风空调等

表 6-4　工程物资进场报验表

工程物资进场报验表						编号	***
工程名称	信息学院网络综合布线系统工程					日期	××××年××月×日
现报上关于	信息学院网络综合布线系统工程						
进场检验记录，该批物资经我方检验符合设计规范及合约要求，请予以批准使用							
物资名称	主要规格		单位	数量	选样报审表编号		使用部位
金属线槽	GCQ1A-300×100		根	1			3、4层
金属线槽	GCQ1A-100×100		根	1			5层
附件：			名称		页数		编号
1.	1	出厂合格证		1	页		
2.	1	厂家质量检验报告		10	页		
3.	0	厂家质量保证书			页		
4.	0	商检证			页		
5.	1	进场检验记录		1	页		
6.	0	进场复试报告			页		
7.	0	备案情况			页		
申报单位名称：	××科技有限公司			申报人（签字）：			
施工单位检验意见：		符合设计要求					
1	0						
施工单位检验意见：	××科技有限公司		技术负责人（签字）：			审核日期：	××××年××月×日
验收意见：							
质量控制资料齐全、有效，同意验收							
审定结论：	1		0		0		0
监理单位名称：	××监理有限公司		监理工程师（签字）：			验收日期：	××××年××月×日
注：本表由施工单位填报，建设单位、监理单位、施工单位各存一份							

6.3.5　信息学院网络综合布线系统工程验收文档

工程验收文档涉及设备验收和工程质量验收，可采用工程验收报告和工作表格两种形式。

1. 工程验收报告

信息学院网络综合布线系统工程申请验收报告

致：信息学院

按照 2001 年 9 月 20 日与院方签订的技术服务合同的内容，我公司积极组织施工队伍进行施工，并于 2001 年 12 月 1 日完成施工。

现在学院 1～4 号楼与网络核心连接顺畅、快捷，网络防火墙、服务器、核心交换机、分支交换机运转正常，内网访问外网稳定、可靠，满足合同要求。

工程项目竣工后，我公司将继续为院方免费提供 1 年的技术支持和服务。

特此申请验收！

（后附验收单）

申请验收单位：北京美江在线科技发展有限公司

申请验收日期：2001 年 12 月 1 日

附件：项目工程验收单。

信息学院网络综合布线系统工程验收单

编号	日期	验收内容	验收结果	验收人签章
1		新铺设光纤	畅通	
2		服务器配置	与合同相符	
3		服务器	运行良好	
4		网络和新交换机、分支交换机	运行良好	
5		防火墙	运行良好	
6		网络机柜	牢固、美观	
7		弱电网络布线	合理、美观、整洁	
8		强电网络布线	合理、美观、整洁	
9		供电系统	设计合理、安全	
10		各教学楼楼层分支交换机与主控室和新交换机连接状态	畅通	
签章 信息学院　　　　北京美江在线科技发展有限公司 代表签字：　　　　代表签字： 日期：2001 年 12 月 1 日　　　　日期：2001 年 12 月 1 日				

2. 工程验收工作表格举例（表 6-5 和表 6-6）

表 6-5 设备开箱检验记录

设备开箱检验记录				编号	***		
设备名称		交换机产品主机		检查日期	××××年××月×日		
规格型号		LS-S3100-48D-U8-56		总数量	15		
装箱单号		107366564556		检验数量	15		
检验记录	包装情况	包装完整、良好，无损坏，标识明确					
	随机文件	出厂合格证 15 份，说明书 15 份，光盘 15 张					
	备件与附件	箱体连接用胶条、螺栓、螺母齐全					
	外观情况	外观良好，无损坏、锈蚀现象					
	测试情况	状况良好					
检验结果	缺、损附备件明细表						
	序号	名称	规格	单位	数量	备注	

续表

结论：			
包装、随机文件齐全，外观及测试状况良好，符合设计规范要求，同意验收			
签字栏	建设（监理）单位	施工单位	供应单位
		××科技有限公司	××科技有限公司
本表由施工单位填写并保存			

表 6-6　综合布线系统安装分项工程质量验收记录表

综合布线系统安装分项工程质量验收记录表			编号：***
单位（子单位）工程名称	信息学院网络综合布线系统工程	子分部工程	综合布线系统
分项工程名称	系统安装质量检测	验收部位	3～5 层
施工单位	××科技有限公司	项目经理	×××
施工执行标准名称及编号	《综合布线系统工程验收规范》GB 50312—2016		
分包单位	××科技有限公司	分包项目经理	
检测项目（主控项目）（执行本规范 9.2.1～9.2.4 条的规定）		检查评定记录	备注
1	缆线的弯曲半径		执行本规范 5.1.1 条第 5 款规定
2	预埋线槽和暗管的线缆敷设		执行本规范 5.1.2 条规定
3	电、光缆暗管敷设及与其他管线的最小净距		执行本规范 5.1.1 条第 6 款规定
4	电缆芯线终接		执行本规范 6.0.2 条第 5 款规定
5	光纤连接损耗值		执行本规范 6.0.3 条第 4 款规定
检测意见：			
经检测，符合本规范验收要求			
监理工程师签字		检测机构负责人签字	
（建设单位项目专业技术负责人）			
日期	××××年××月×日	日期	××××年××月×日

6.4 同步训练

6.4.1 思考与练习

（1）按照产生和使用的范围，工程文档大致可以分为哪 3 类？
（2）投标文档通常由哪些部分组成？
（3）工程施工文档的编写应该注意哪些方面？

（4）工程验收文档有哪些？

6.4.2 实训

1. 实训题目

编写综合布线系统工程文档。

2. 实训目的

通过实际练习，了解综合布线系统工程文档的组成和内容，熟悉文档编写过程中应该注意的事项，掌握编写综合布线系统工程文档的基本方法。

3. 实训内容

仿照本章内容编写本单位综合布线系统工程文档。

4. 实训方法

（1）实地考察真实的网络综合布线系统工程。
（2）查看相关工程文档。
（3）仿照本章内容编写工程文档。

5. 实训总结

（1）写出实训体会，要求说明工程文档编写的步骤与方法。
（2）按照附录所给实训报告样表写出报告。

模块 7

综合布线产品

学习目标

【知识目标】

- ◆ 了解市场上常见的综合布线产品。
- ◆ 掌握综合布线产品选购方法。

【能力目标】

- ◆ 学会查询综合布线产品信息。
- ◆ 能够正确选购综合布线产品。

7.1 任务 1 综合布线产品认知

7.1.1 任务引入

正确选用网络布线工具和产品，了解它们的特点和使用范围是综合布线的关键。因为只有选择合适的产品和工具，才能保障工程的质量，满足工程的需求。以信息中心楼网络布线工程为例，该工程主要涉及以下几种产品与工具：

（1）通信介质产品（包括双绞线和光纤）。

（2）网线接口产品。

（3）网络测试工具。

7.1.2 任务分析

信息中心楼网络布线工程的主要任务是选择线材产品和网线接口产品，这些产品涉及许多不同的公司，产品种类繁多，价格各不相同。就工程目标而言，要求选用的产品具备较高品质，是知名品牌，生产企业具有良好的信誉和售后服务能力，同时价格相对较低。

7.2 相关知识——综合布线产品介绍

7.2.1 国内产品

近年来，国内相继成立了许多综合布线产品生产企业，这些企业紧跟国际先进技术，严格按照标准进行质量控制，初步形成了以较高品质、中低价位为特征的系列产品，在许多大中型综合布线工程招标中取得了令人瞩目的成绩。

1. 通信介质和网线接口产品

1）万泰光电（东莞）有限公司

万泰光电（东莞）有限公司（简称万泰公司）主要负责万泰 Elite100 5 类布线系统、万泰 Elite350 超 5 类布线系统、万泰 Elite1000 6 类布线系统、万泰 EliteHome 家居布线系统、万泰 EliteCampus 社区布线系统、万泰 Elite 光纤布线系统的推广、行销、服务、培训、支持等工作。经过万泰公司的不断拓展，以及分销商、代理商和系统集成商的努力，凭借万泰布线产品高性能、中低价位的优势，万泰品牌在我国布线市场上深得用户的青睐（图 7-1）。

万泰公司的布线产品线缆类包括室内非屏蔽和屏蔽 5 类双绞线、超 5 类双绞线、6 类双绞线、同轴线、光纤，以及室外非屏蔽超 5 类双绞线、25 对 Power Sum 5 类双绞线等；连接件类包括 19 英寸机架式 12 口、16 口、24 口、32 口、48 口配线架，45°、90°、180° 信息模块等连接部件，符合国际标准的工作区、管理间的各种长度的彩色成型跳线；还有 110 系列 50 对、100 对、200 对配线架产品和端接、保护、管理、测试、施工工具等，见表 7-1。万泰公司早在 1994 年就通过了 ISO 9002 国际质量体系认证，其综合布线产品获得了 UL、CSA、ETL、3P、DELTA、IECQ 认证。

WONDERFUL 万泰布线

图 7-1 万泰公司标志

表 7-1 网络布线产品

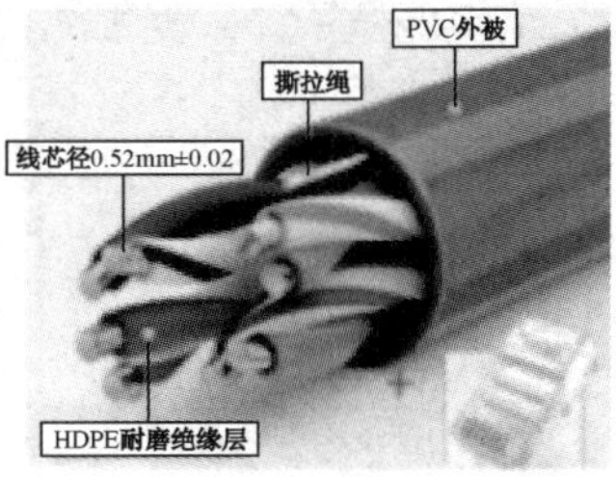	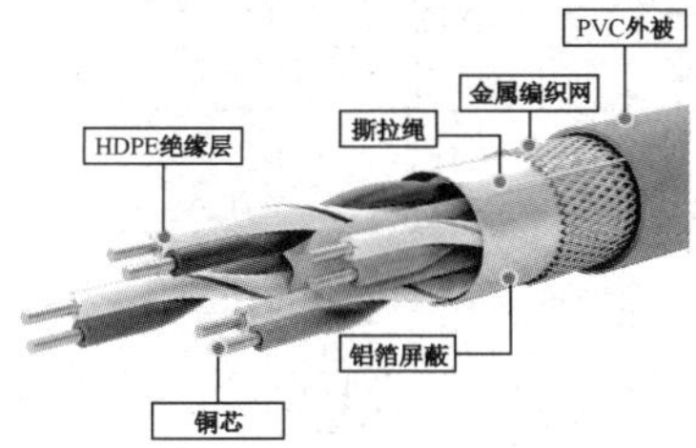	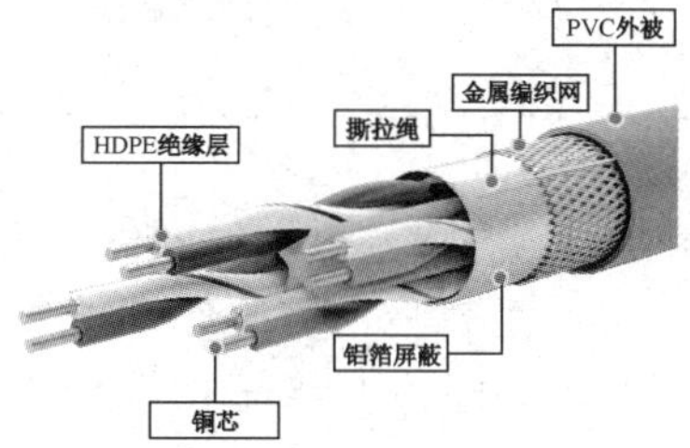
五类双绞线	六类双绞线	七类双绞线

续表

<table>
<tr><td>
ST 连接器</td><td>
ST 跳线</td><td>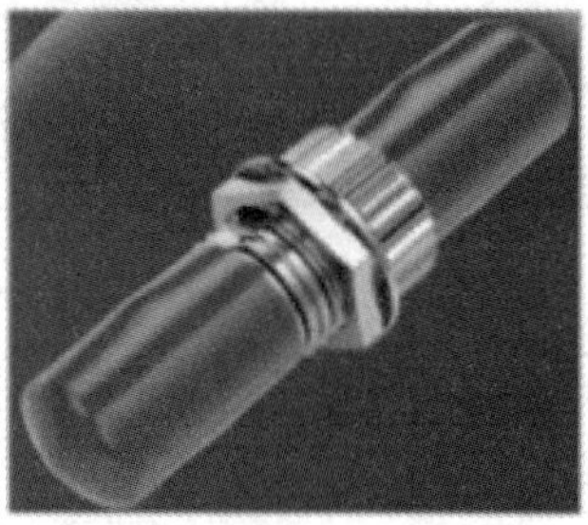
ST 适配器</td></tr>
<tr><td>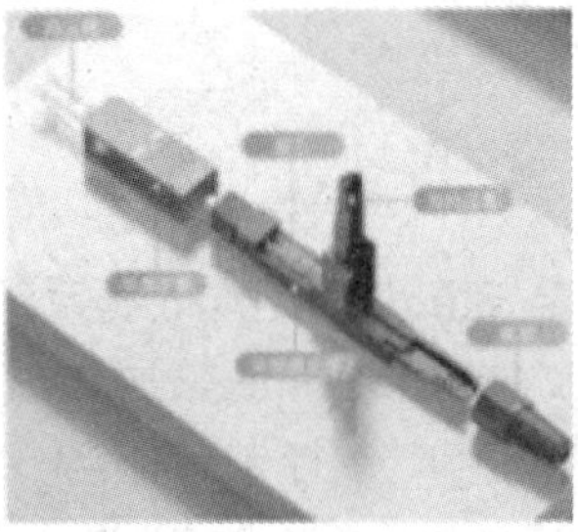
SC 连接器</td><td>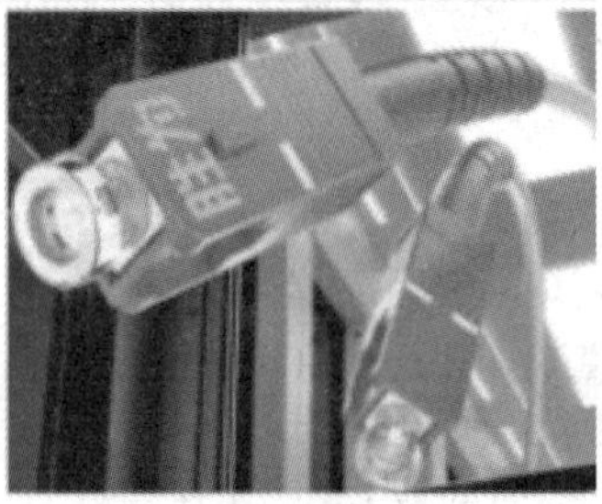
SC 跳线</td><td>
SC 适配器</td></tr>
<tr><td>
ST 适配器小面板</td><td>
SC 适配器小面板</td><td>
12 口壁挂式光纤配电箱</td></tr>
<tr><td>
24 口壁挂式光纤配电箱</td><td colspan="2">
48 口壁挂式光纤配电箱</td></tr>
</table>

2）南京普天通信股份有限公司

南京普天通信股份有限公司是原国家外经贸部批准的中外合资股份有限公司，该公司于 1997 年 5 月 18 日按现代企业制度要求，在原国有独资邮电部所属的南京通信设备厂资产和业务的基础上经过股份制改革而设立，中国普天信息产业集团公司（图 7-2）占有该公司总股份的 53.49%。同年，该公司股票在深圳证交所上市。

Potevio
中国普天

图 7-2 中国普天信息产业集团公司标志

南京普天通信股份有限公司积极开展对外经济贸易和技术合作，跟踪世界高新技术，经过不断开发，形成了配线、网络、无线和电气四大产品系列。其中，配线产品产销量在全国居于领先地位。综合布线产品被评为国家级产品，为我国宽带网提供了具有自主知识产权的产品。

（1）双绞线产品。

① 6 类 4 对 FTP 电缆：该电缆是 6 类综合布线系统用高性能 8 芯 4 对传输电缆，满足国际标准 ANSI/TIA/EIA 568B.2-1 及相关屏蔽要求，电缆的串扰、回损、阻抗和衰减性能优异，能充分满足 4Mb/s 以太网等高带宽应用。电缆绝缘护套采用高密度聚乙烯材料，为提高电缆性能，4 对导线采用低密度聚乙烯十字芯架隔离（图 7-3）。

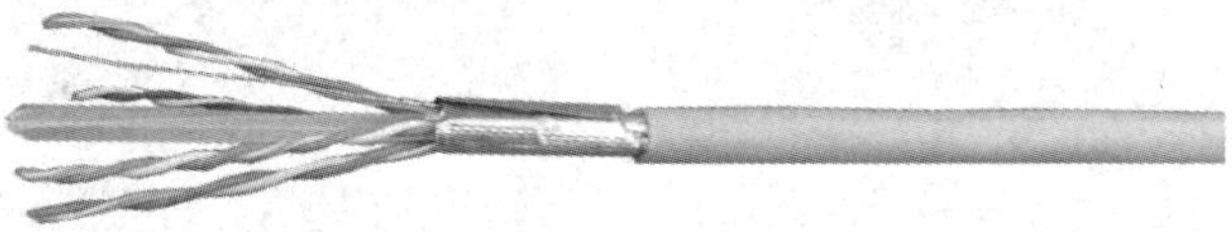

图 7-3 6 类 4 对 FTP 电缆

② 6 类 4 对 UTP 电缆：该电缆是 6 类综合布线系统用高性能 8 芯 4 对传输电缆，满足国际标准 ANSI/TIA/EIA 568B.2-1 的要求，电缆的串扰、回损、阻抗和衰减性能优异，能充分满足 4Mb/s 以太网等高带宽应用。电缆绝缘护套采用高密度聚乙烯材料，为提高电缆性能，4 对导线采用低密度聚乙烯十字芯架隔离（图 7-4）。

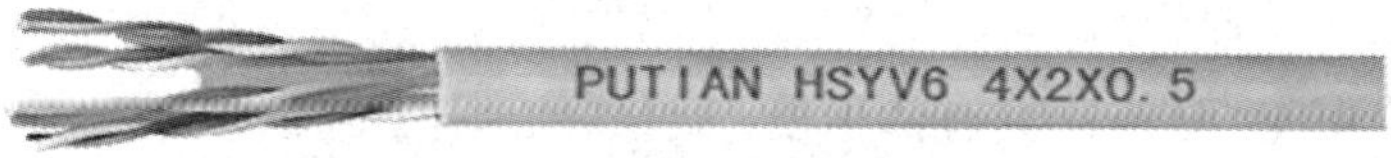

图 7-4 6 类 4 对 UTP 电缆

（2）插座模块。

① 6 类 RJ45 屏蔽插座模块：该插座模块是根据国际标准 ANSI/TIA/EIA 568B.2-1 设计制造的性能优异的免工具 8 线插座模块，模块的电路板和簧片采用专利平衡技术，其衰减、回损和近端、远端串扰方面的性能超过 6 类标准的要求，屏蔽性能符合相关屏蔽标准，传输带宽超过 250MHz，如图 7-5 所示。安装全面兼容普天各类面板和快速安装板。

② 6 类 RJ45 插座模块：该插座模块是根据国际标准 ANSI/TIA/EIA 568B.2-1 设计制造的性能优异的免工具 8 线插座模块，模块的电路板和簧片采用专利平衡技术，其衰减、回损和近端、远端串扰方面的性能超过 6 类标准的要求，传输带宽超过 250MHz，如图 7-6 所示。安装全面兼容普天各类面板和快速安装板。

图 7-5　6 类 RJ45 屏蔽插座模块

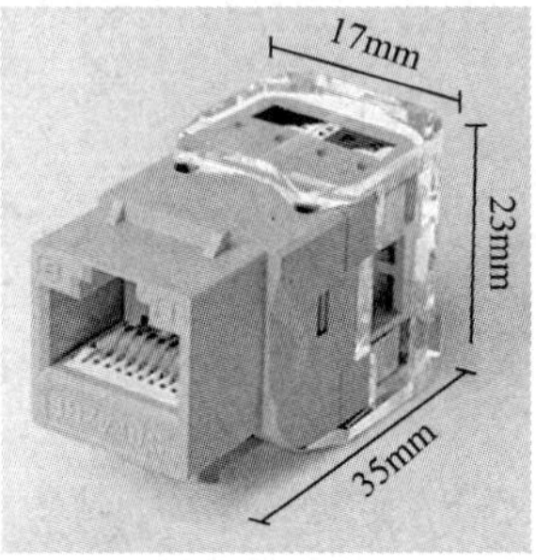

图 7-6　6 类 RJ45 插座模块

（3）光纤产品。

① 光纤适配器：该产品具有尺寸精度高、重复性好、互换性好、温度特性好、耐磨性好等特点，广泛应用于光纤通信系统、LAN、CATV 等领域，如图 7-7 所示。

（a）FC

（b）SC

（c）LC

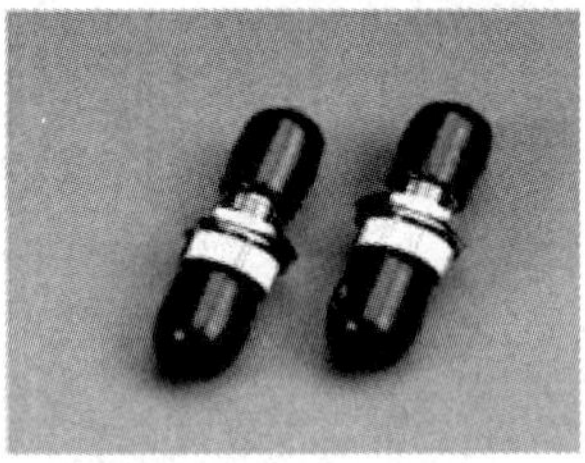

（d）ST

图 7-7　光纤适配器

② 双芯室内光缆：该产品具有体积小、质量轻、弯曲半径小、富有弹性和韧性等特点，高性能的紧套能够保护光纤免受环境和机械应力的损害，如图 7-8 所示。该产品适合用作楼宇内局域网或机舱内设备、仪表间的连接线，仪器或通信设备的尾缆等。

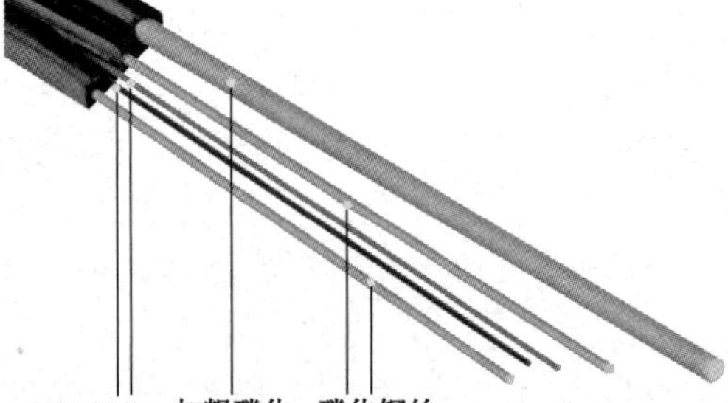

图 7-8　双芯室内光缆

2. 网络测试工具

安恒公司成立于 1993 年，主要从事计算机网络测试、维护和培训服务，在信息技术领域以“网络健康专家”而著称，是国内第一个从事网络维护与诊断的专业公司，公司标志如图 7-9 所示。

图 7-9 安恒公司标志

为填补国内网络维护和测试专业领域的空白，安恒公司于 1994 年首次提出了“网络健康”这一全新的概念，剖析了复杂的网络维护技术，并提出了实际解决方案。多年来，安恒公司一直努力地推广网络维护与诊断技术，集引进、开发、推广网络测试最新技术于一体，致力于为用户提供全面的解决方案。

作为美国 Fluke 公司国际部最大的分销商，安恒公司除了提供网络测试产品的销售与增值服务，还于 1997 年成立了网络培训中心，并获得了 Fluke 公司“网络维护学院”的正式授权。

安恒公司主要有以下产品。

（1）线缆测试仪：分为铜缆测试仪、光纤测试仪。各种类型的线缆测试仪可满足布线系统的设计、安装、调试、验收、故障查找、维护及文档备案等诸多方面的要求，如图 7-10 所示为线缆测试仪中的一种。

（2）网络测试仪：网络测试仪种类很多，从一线维护工程师使用的手持式网络测试仪到复杂的分布式网络综合测试仪。网络测试仪是维护网络、管理网络必备的工具。如图 7-11 所示为一种常见的网络测试仪。

图 7-10 线缆测试仪

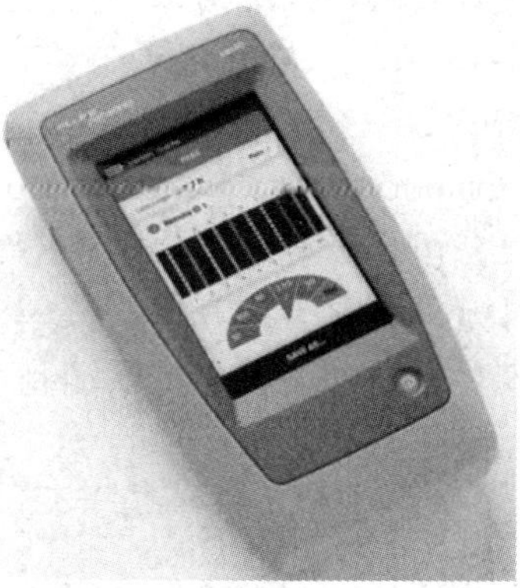

图 7-11 网络测试仪

（3）广域网测试仪：可以测试广域网链路，提供广域网设备安装、分析、监测、测试和故障诊断的解决方案。如图 7-12 所示为一种常见的广域网测试仪。

（4）无线网测试仪：具有无线网规划与部署验证测试、无线网工程验收测试、无线网安全测试与评估、无线网网络性能测试、无线网设备性能测试、模拟测试、实验室级测试等功能，如图 7-13 所示。

图 7-12　广域网测试仪

图 7-13　无线网测试仪

7.2.2　国外产品

许多国际知名的综合布线产品生产厂商都是历史悠久的跨行业企业集团，它们不仅具有十分完善的用户市场分析预测、产品研发、品牌宣传投放和销售渠道，更能提供一条龙的产品质量跟踪和技术支持。同时，这些企业还广泛参与国际合作，经常与一些国际和区域组织合作制定、颁布并大力推广新的布线技术的国际及区域标准，在计算机技术、通信技术和布线技术的发展中起到了重要作用。

1. 通信介质和网线接口产品

1）泰科电子公司

泰科电子公司是无源电子元件制造商，是无线元件、电源系统、建筑物结构化布线器件和系统方面前沿技术的领导者，是陆地移动无线电行业关键通信系统的供应商，公司标志如图 7-14 所示。泰科电子公司旗下有超过 40 个著名品牌，包括 Agastat、Alcoswitch、AMP、AMP NETCONNECT、CII、CoEv、Critchley、Elcon、Elo TouchSystems、M/A-COM、Madison Cable、OEG、Potter & Brumfield、Raychem、Schrack 和 Simel 等。

安普公司是泰科电子公司旗下企业，可为各种建筑物的布线系统提供完整的产品和服务，公司标志如图 7-15 所示。其建筑结构化布线系统的可靠性和杰出工艺受到整个行业的赞赏。安普公司可为客户提供端到端布线解决方案，包括单模和多模光纤系统，以及屏蔽和非屏蔽电缆布线系统。

图 7-14　泰科电子公司标志

图 7-15　安普公司标志

（1）非屏蔽电缆。

① 6 类非屏蔽电缆：产品采用十字骨架分隔结构，性能超过 ANSI/TIA/EIA 568B.2 标

准要求，系统性能测试可达 600MHz，经独立机构 ETL/SEMKO 测试和认证，获 UL 认证，所有性能均超过千兆以太网的性能要求，产品采用无铅外皮。如图 7-16 所示为常见的 6 类非屏蔽电缆。

② 超 5 类非屏蔽电缆：超 5 类非屏蔽电缆性能成熟、稳定，可满足用户的多方面需求，是安普公司一流品质的最佳代表。产品性能超过 ANSI/TIA/EIA 568B 和 ISO 超 5 类/D 级线缆标准要求，系统性能测试可达 200MHz，经独立机构 ETL/SEMKO 测试和认证，获 UL 认证，NEXT 值超出超 5 类线缆标准 2dB，所有性能均超过千兆以太网的性能要求，产品采用无铅外皮。如图 7-17 所示为常见的超 5 类非屏蔽电缆。

图 7-16　6 类非屏蔽电缆

图 7-17　超 5 类非屏蔽电缆

③ 大对数电缆：产品性能超过 ANSI/TIA/EIA 568B 和 ISO 5 类线缆标准，经独立机构 ETL/SEMKO 测试和认证，获 UL 认证，3 类电缆满足 IEEE 802.3 10Mb/s 以太网要求，5 类 25 对电缆适合在数据网络中使用。如图 7-18 所示为常见的大对数电缆。

图 7-18　大对数电缆

（2）屏蔽电缆。

① 7 类 PiMF 屏蔽电缆：支持语音、数据、视频应用及未来新兴的高宽带服务；支持万兆以太网应用，适合对网络传输性能和安全性能有较高要求的用户；支持 600MHz 传输带宽；每个线对都包有单独的铝箔屏蔽层，所有线对外面有铜网屏蔽层；导体线径为 23AWG；采用低烟无卤（LSZH）材料外皮。如图 7-19 所示为常见的 7 类 PiMF 屏蔽电缆。

② 6 类 PiMF 屏蔽电缆：支持多种网络应用，具有极高的性价比及电磁防护性能，是用户铺设高速安全网络系统的首选产品。产品支持 300MHz 传输带宽；每个线对都包有单独的铝箔屏蔽层，所有线对外面有铜网屏蔽层；导体线径为 23AWG；采用低烟无卤材料外皮。如图 7-20 所示为常见的 6 类 PiMF 屏蔽电缆。

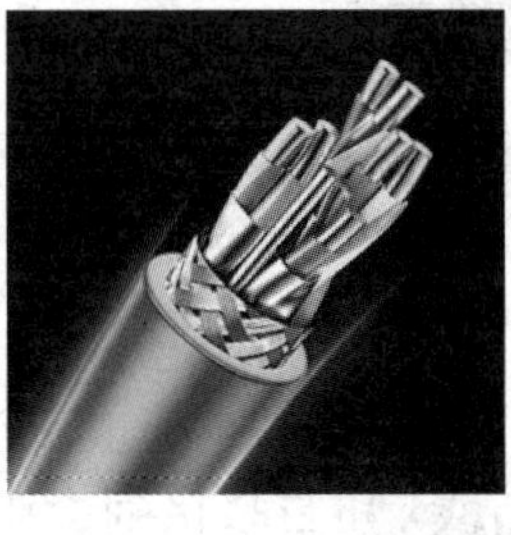

图 7-19　7 类 PiMF 屏蔽电缆

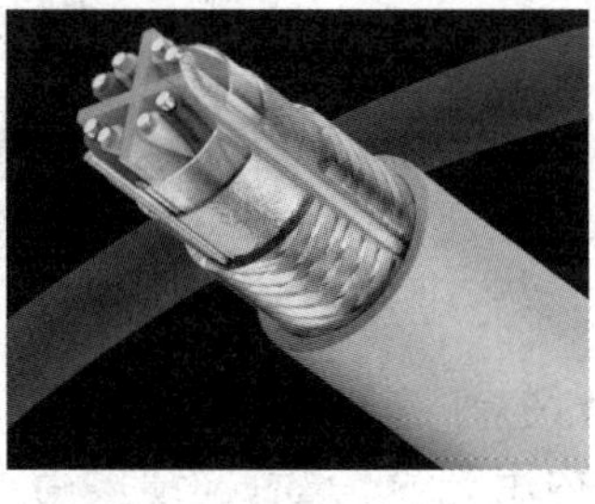

图 7-20　6 类 PiMF 屏蔽电缆

③ 6类FTP屏蔽电缆：支持250MHz传输带宽，同时能够有效地防止电磁干扰的影响，使布线系统始终保持优异的电磁兼容性能及传输性能；所有线对外面有铝箔屏蔽层；导体线径为23AWG；线缆中的十字骨架可提供更好的传输性能；采用低烟无卤材料外皮。如图7-21所示为常见的6类FTP屏蔽电缆。

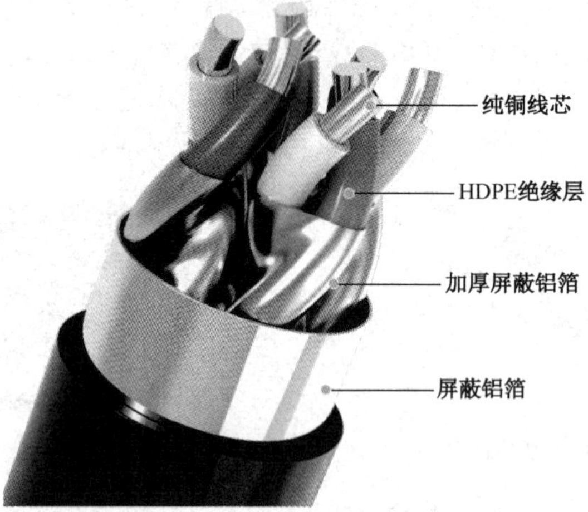

图7-21　6类FTP屏蔽电缆

④ 超5类屏蔽电缆：有两种不同屏蔽方式可供选择，性能测试可达200MHz，能够有效地防止电磁干扰的影响，使布线系统始终保持优异的电磁兼容性能及传输性能；产品性能超过ANSI/TIA/EIA 568B和ISO超5类线缆标准；经独立机构ETL/SEMKO测试和认证，获UL认证；NEXT值超出超5类标准2dB；所有性能均超过千兆以太网的性能要求；产品采用无铅外皮。如图7-22所示为常见的超5类屏蔽电缆。

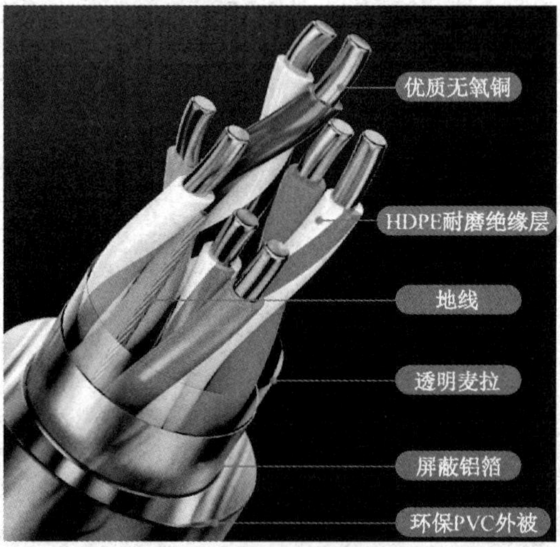

图7-22　超5类屏蔽电缆

（3）光缆。

① 室内用光缆：这种光缆多用于建筑内的水平和主干布线，可直接接到工作区插座和多用户插座上，如图7-23所示。纤芯类型包括单模、62.5/125μm多模、50/125μm多模等，

芯数从 2 芯到 72 芯不等。

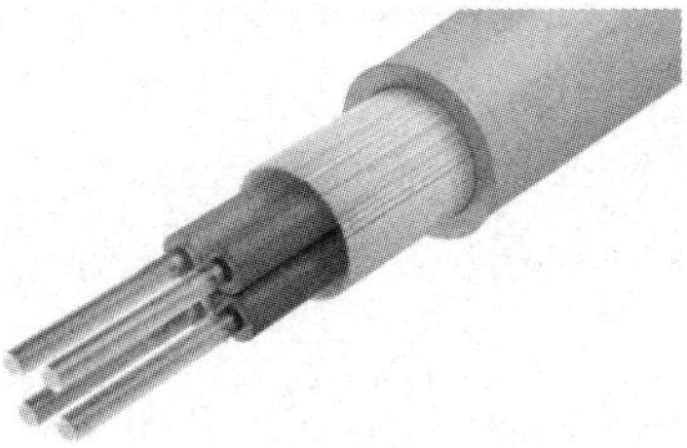

图 7-23　室内用光缆

产品简介如下：

- 适合制作尾纤、跳线和内部设备之间的连接线。
- 可以用于胶粘/打磨型连接器、免胶粘/打磨型连接器、免胶粘/免打磨型连接器和 MT-RJ 连接器。
- 使用高性能的单模或多模纤芯，符合所有的行业性能标准。
- 纤芯的缓冲层可以剥除，方便与连接器端接。
- 使用高强度纤维作为加强材料。
- 采用符合 TIA 色彩编码的纤芯外皮颜色，方便识别和安装。
- 符合 UL OFNR（垂直应用）和 OFNP（通风管道应用）标准。
- 设计和测试均符合 ANSI/TIA/EIA 568B、Telcordia GR-409-CORE IEC 793-1/794-1 和 ISO/IEC 11801 标准。
- 有多种芯数、多种规格可供选择。
- XG 万兆光纤可应用于新型高速数据通信。
- 适用于所有的光纤端接工具。

② 室外用绝缘型光缆：这种光缆可适应多种室外环境，可以采用架空、直埋和管道等不同安装形式。纤芯类型包括单模、62.5/125μm 多模、50/125μm 多模等，芯数从 4 芯到 72 芯不等。

产品简介如下：

- 可用于园区环境中建筑物之间的连接（通过管道或直埋的形式）、架空连接（需要使用引绳）、本地回路和馈线网络、间歇性受到水淹或潮湿的室外区域、有剧烈温度波动的环境等。如图 7-24 所示为常见的室外用绝缘型光缆。
- 使用高性能的单模或多模纤芯，符合所有的行业性能标准。
- 采用符合 TIA 色彩编码的纤芯外皮颜色，方便识别和安装。
- 采用干式防水技术。

图 7-24　室外用绝缘型光缆

- 采用小直径单套管结构，节省管道的空间。
- 采用防紫外线型聚乙烯外皮，可以在恶劣的室外环境中提供出色的保护。
- 采用低摩擦系数的外皮，可以方便地在管道中穿线。
- 采用全绝缘结构。
- 设计和测试均符合 ANSI/TIA/EIA 568B、Telcordia GR-409-CORE IEC 793-1/794-1 和 ISO/IEC 11801 标准。
- 有多种芯数、多种规格可供选择。
- XG 万兆光纤可应用于新型高速数据通信。
- 适用于所有的光纤端接工具。

③ 室外用铠装型光缆：这种光缆可适应多种室外环境，可以采用架空、直埋和管道等安装形式，并能提供良好的保护。纤芯类型包括单模、62.5/125μm 多模、50/125μm 多模等，芯数从 4 芯到 72 芯不等。如图 7-25 所示为常见的室外用铠装型光缆。

图 7-25　室外用铠装型光缆

产品简介如下：

- 适用于园区环境中建筑物之间的连接（通过管道或直埋的形式）、架空连接（需要使用引绳）、本地回路和馈线网络、间歇性受到水淹或潮湿的室外区域、有剧烈温度波动的环境等。
- 使用高性能的单模或多模纤芯，符合所有的行业性能标准。
- 采用符合 TIA 色彩编码的纤芯外皮颜色，方便识别和安装。
- 采用干式防水技术。
- 采用小直径单套管结构，可以节省管道的空间。
- 采用防紫外线型聚乙烯外皮，可以在恶劣的室外环境中提供出色的保护。
- 采用低摩擦系数的外皮，可以方便地在管道中穿线。
- 采用金属铠装保护结构。
- 设计和测试均符合 ANSI/TIA/EIA 568B、Telcordia GR-409-CORE IEC 793-1/794-1 和 ISO/IEC 11801 标准。
- 有多种芯数、多种规格可供选择。
- XG 万兆光纤可应用于新型高速数据通信。
- 适用于所有的光纤端接工具。

2）美国朗讯科技公司

美国朗讯科技公司由原 AT&T 的网络系统部、商业通信系统部、用户产品部、微电子部、多媒体企业部、技术部及贝尔实验室组成，公司标志如图 7-26 所示。该公司推出的结构化布线系统可用于建筑物内或建筑群的网络传输，是较早引入我国的综合布线系统。该系统采用的线缆、接续设备和布线部件品种较多，具体如下。

图 7-26　美国朗讯科技公司标志

（1）水平布线子系统的线缆主要是 4 对或 25 对 3 类、5 类 24 AWG 非屏蔽双绞线。在某些场合（如局域网）采用 3 类 25、50、75 或 100 对电缆作为 16Mb/s 数据传输介质。根据用户需求，也可采用多模光缆，其光纤芯数有 2 芯、4 芯、6 芯、8 芯和 12 芯几种，上述线缆的护套材料均有非阻燃型和阻燃型两种。

（2）主干布线子系统主要采用 3 类 25、50、75、100、200、300、600、900 和 1800 对电缆，或 62.5/125μm 多模光缆，其光纤芯数有 12 芯、24 芯、36 芯、48 芯、60 芯、72 芯、84 芯、96 芯和 144 芯几种。线缆的护套材料也有非阻燃型和阻燃型两种。

（3）接续设备主要采用各种超 5 类 110 型配线架，其终端容量有 100、300、600 和 900 对多种。此外，也有 25 或 50 对的小型设备。在采用光缆时，有 LGX 光纤配线架、光纤接续箱及光纤接头盒等。

（4）通信引出端（也称信息插座）有明装和暗装两种，并配有单孔、双孔、3 孔、4 孔、6 孔、8 孔的面板及接续模块等。

这种结构化布线系统为非屏蔽系统，适用于语音、数据和图像传输，支持 100Mb/s 数据传输，并能将智能化建筑和智能化小区的内部布线系统与公用通信网相连，该系统的产品质量保证期为 15 年。

3）IBM 公司

IBM 先进布线系统（ACS）于 1995 年进入我国，已在国内不少行业中使用，IBM 公司标志如图 7-27 所示。其产品适用于智能化建筑和智能化小区，能提供从低端系统（如非屏蔽电缆解决方案）到高端系统（如 6 类、7 类电缆和光纤解决方案）的系列产品；产品材质具有低烟、阻燃、无毒、安全可靠等优点；可以提供 RJ45 接插件和支持多媒体高速率传输的产品；产品具有较好的适应性、可靠性和可扩展性。IBM 先进布线系统采用的线缆、接续设备和布线部件较多，具体如下。

图 7-27　IBM 公司标志

（1）水平布线子系统采用的线缆主要是 3 类、5 类 100Ω 或 120Ω 的 4 对双绞线（UTP）、金属箔双绞线（FTP）、屏蔽金属箔双绞线（SFTP）和其他几种屏蔽双绞线对称电缆。在主干布线系统中采用 3 类 24 AWG 非屏蔽和屏蔽电缆，电缆对数有 20 对、25 对、40 对、50 对、100 对、200 对和 300 对等，且可以与传输频率为 300 MHz 的 STP 配套使用。其 6 类、7 类线可以达到的最高传输频率分别为 350MHz 和 600MHz。当采用全程屏蔽技术时，既能屏蔽外界电磁干扰，也能屏蔽自身对外的电磁辐射干扰，可提高信息传输的安全保密性。采用铜芯电缆时，可满足高速传输数据（大于 30 MHz）的要求。

（2）IBM 先进布线系统中的机架、过线槽、接地架、托线架等均按标准规定组装。它们的外形尺寸符合通用的 19 英寸制式。

4）西蒙公司

西蒙公司 1903 年创立于美国康州水城，是全球著名的通信布线领导厂商，拥有 300 多项技术专利和 8000 余种布线产品，公司标志如图 7-28 所示。其销售及服务网络遍及全球，在美国、英国、加拿大、澳大利亚、意大利、德国、法国、印度、韩国、日本、新加坡和中国（北京、上海、广州、成都）等地均设有分支机构，当今世界前 500 强企业很多都是西蒙公司的客户。自 1996 年进入中国以来，西蒙公司一直重视品牌价值的宣传和服务质量的承诺，在中国树立了良好的市场形象，在政府、通信、金融、电力、医疗和教育等各行各业赢得了众多大型工程，如铁道部 12 万点联网工程、财政部 5 万点信息化工程、“神舟”载人航天项目 3 万点工程等。

图 7-28　西蒙公司标志

2003 年，西蒙公司开始通过全球统一产品形象、资源和信息共享、服务全球化等发展策略向全球化、国际化稳步迈进。西蒙公司在保持技术领先的优势下，针对市场需求不断推出新品，由技术导向型公司逐渐向市场导向型公司转变。

西蒙公司提供全套万兆以太网（10Gb/s）解决方案，拥有全系列增强 5 类/6 类/7 类电缆、非屏蔽/屏蔽电缆、光纤（包括 MT-RJ/LC）及全套绿色环保布线系统，可支持大楼内所有弱电系统的信号传输，广泛应用于语音、数据、图形、图像、多媒体、安全监控、传感等各种信息传输应用中。

西蒙公司系获得 ISO 9001 质量认证及 ISO 14001 环境管理体系认证的生产制造商。

2. 网络测试工具

Fluke 公司是世界电子测试工具生产、分销和服务的领导者，其公司标识如图 7-29 所示。Fluke 公司于 1948 年成立，总部设在美国华盛顿州的埃弗里德市，工厂分别设在美国、英国、荷兰和中国，销售和服务分公司遍布欧洲、北美洲、南美洲、亚洲。Fluke 公司已授权的分销商遍布世界 100 多个国家，雇员约 2400 人。

图 7-29　Fluke 公司标志

Fluke 公司在中国改革开放初期的 1978 年就进入了中国，首先在北京建立了维修站，随后成立了办事处，最早是在中国成立办事机构的外国电子企业之一。目前，Fluke 公司在北京、上海、广州、成都、西安都设有办事处，在沈阳、大连、武汉、南京、济南、乌鲁木齐、重庆和深圳设有联络处，这些机构为中国用户提供了方便、周到和及时的服务。

过去的几十年中，Fluke 公司把先进的产品带入了中国，同时与中国各界进行了广泛的、卓有成效的技术合作。为了便于用户了解和购买产品，Fluke 公司在国内建立了分销机构。

Fluke 公司为局域网和广域网的安装、维护和故障诊断等提供了一整套解决方案，从最基本的电缆测试仪、便携式网络管理产品到网络高端测试仪，每一种产品在网络健康维护中都有其特定的作用，同时适用于不同级别和能力的维护人员。

（1）电缆测试。

① DTX 系列测试仪：这种测试仪可确保布线系统符合 TIA 和 ISO 标准的要求。DTX 系列测试仪具有Ⅳ级精度、智能故障诊断功能、900MHz 测试带宽、12 小时电池使用时间和快速仪器设置功能，并且可以生成详细的中文图形测试报告。如图 7-30 所示为 DTX 系列测试仪。

② DSP 系列测试仪：这种测试仪可确保布线系统符合 TIA 和 ISO 标准的要求。DSP 系列测试仪可用于 Cat 5e 和 Cat 6 双绞线及光纤布线系统的认证测试（图 7-31）。

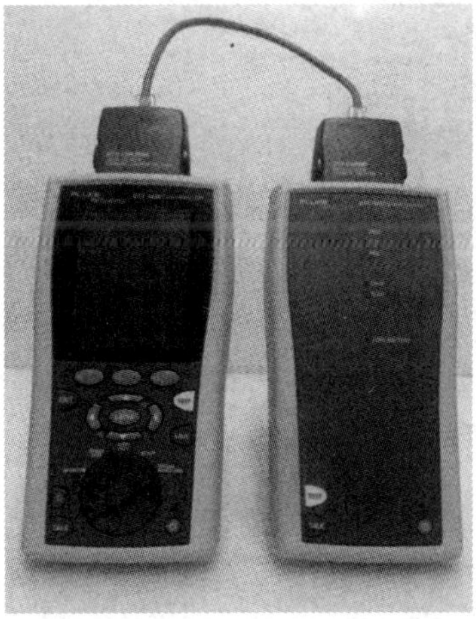

图 7-30　DTX 系列测试仪

图 7-31　DSP 系列测试仪

（2）光缆测试。

① FiberViewer 光缆检测放大镜：为手持式光纤显微镜，可用于跳线的端面检查，如图 7-32 所示。使用 FiberViewer 光缆检测放大镜可以确保光纤端接平整、清洁，避免光纤链路故障的头号原因——端面变脏。它带有通用连接适配器，可对使用不同型号连接器（包

括 LC 连接器）的端面进行检查。

图 7-32　FiberViewer 光缆检测放大镜

② CertiFiber 多模光纤测试仪：它可认证多模光纤网络是否符合行业标准的要求，如图 7-33 所示。CertiFiber 多模光纤测试仪允许同时使用两种波长测试两根光纤的长度和衰减，并将结果与预先选定的行业标准相比较，从而判断结果是否合乎标准的要求。

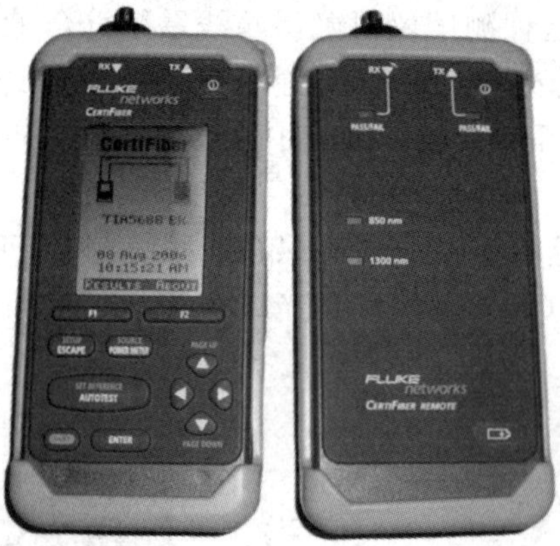

图 7-33　CertiFiber 多模光纤测试仪

CertiFiber 多模光纤测试仪采用可互换的适配器，可以方便地连接所有类型的网络。

7.3　任务实施——查询综合布线产品信息

根据工程任务的需要选购综合布线产品时，首先应充分了解相关产品的特点、功能和品牌。就信息学院网络综合布线任务而言，要想获得合适的产品，最简单的方法就是在网上查询相关信息。下面是一些著名的公司，读者可随时进入其官网查看信息。

7.3.1　国内公司

（1）万泰公司。

（2）Fluke 增值代理商安恒公司。
（3）福尔达科技有限公司。
（4）宁波际联科技有限公司。
（5）南京普天通信股份有限公司。
（6）鼎志电子股份有限公司。
（7）乐庭实业有限公司。
（8）长飞光纤有限公司。

7.3.2 国外公司

（1）美国 Fluke 公司。
（2）美国朗讯科技公司。
（3）安普（AMP）公司。
（4）贝迪（Brady）公司。
（5）丽特（IBDN）网络科技公司。
（6）史丹利·坚森工具公司。
（7）西蒙公司。
（8）科龙（KRONE）公司。
（9）IBM 公司。
（10）3M 公司。
（11）奥创利（ORTRONICS）公司。
（12）奇胜（CLIPSAL）公司。

7.4 任务 2 综合布线产品选购

7.4.1 任务引入

网络综合布线产品选购直接影响整个工程的质量，以及今后的使用和维护。因此，选购布线产品是一项非常重要的工作。就信息学院网络综合布线工程而言，主要选购以下产品：
（1）通信介质产品。
（2）网线接口产品。
（3）网络测试工具。

7.4.2 任务分析

有很多网络故障不是网络设备有问题引起的，而是网线、插头或者插座模块质量低劣引起的。例如，出现网络不通或者网速慢的现象，多数是网线质量差、阻抗高、信号衰减大引起的；而在阴雨天气经常出现断线现象，多数是插头或者网络模块金属接片质量差，出现霉变造成的。在选购布线产品时，要做到同类产品尽量选择同一品牌，尽量使用名牌产品，尽量与国际标准接轨，尽量购买高质量产品。

7.5 相关知识——选购综合布线产品

7.5.1 综合布线产品选购原则

根据工程的实际需求，并结合资金情况，通过查看现场和建筑平面图等资料，计算出线材的用量、信息插座的数目和机柜数量，做出各种产品的使用量报告。根据用量情况，再结合产品特性就可选型了，选型应遵循如下原则。

1. 产品选型必须与工程实际相结合

应根据智能化建筑和智能化小区的主体性质、所处位置、使用功能和客观环境等，从工程实际和用户需求出发选用合适的产品，包括各种线缆和连接硬件。

2. 产品选型应符合技术标准

选用的产品应符合我国国情和有关技术标准，包括国际标准、我国国家标准和行业标准。所用的国内外产品均应以我国国家标准或行业标准为依据进行检测和鉴定，未经鉴定合格的设备和器材不得在工程中使用。未经设计单位同意，不得以其他产品代替。

3. 近期和远期相结合

在考虑近期信息业务和网络结构的需要的同时，应适当为今后信息业务种类和数量的增加预留一定的发展空间。但在考虑近、远期结合时，不应强求一步到位、贪大求全。要根据信息业务的特点和客观需要，结合工程实际，采取统筹兼顾、因时制宜、逐步到位、分期形成的原则选用产品。在具体实施中，还要考虑到综合布线产品尚在不断完善和提高，应注意科学技术的发展和是否符合当时的标准规定，不宜完全以厂商允诺的产品质量期限来决定是否选用。

4. 技术先进和经济合理相统一

目前，我国已有符合国际标准的通信行业标准，对综合布线系统产品的技术性能应以系统指标来衡量。在进行产品选型时，所选设备和器材的技术性能指标一般要高于布线系统的性能指标，这样在工程竣工后，才能保证满足系统的技术性能指标要求。但选用产品的技术性能指标也不宜过高，否则将增加工程造价。

7.5.2 综合布线产品选购注意事项

网络布线系统的质量主要受以下几方面因素的影响：产品质量、工程的设计水平和施工工艺水平。这三方面是紧密联系、相互作用、相互制约的。产品质量是整个布线工程的基础，选购产品时应注意以下几个问题。

1. 不要贪图便宜

相信“一分价钱一分货”是没错的。曾经有人拿着两个外观一模一样的超 5 类 RJ45 模块问："为什么一个要 20 多元而另一个却只要几块钱？"回答的最好方式是将两个模块分别接到同一根电缆的两端，然后用电缆测试仪按照超 5 类国际标准进行测试，结果几块钱的模块是不合格产品。

注意

数据传输对介质的电气性能要求非常高，它不像安装电话线路那样连通即可通信，所以选购产品时不要贪图便宜而选购劣质的产品。

2. 不要"迷信"国外品牌

很多人在选购网络产品时往往选购国外品牌，但实际情况证明国外品牌同样存在问题。有人曾经对数个国内外知名品牌进行产品选型测试，结果某国产品牌的产品性能明显胜出，且价格非常低廉。

3. 使用前要进行抽测

国家标准中明确规定，施工前要进行电缆电气性能测试。对于没有条件进行检测的用户，在选择供应商时最好找那些正规的、有厂商授权的公司，并通过严谨的合同条款保护自身权益。

7.5.3 选购双绞线产品

双绞线的质量是决定局域网带宽的关键因素之一，只有标准的超 5 类或 6 类双绞线才可能达到 100～1000Mb/s 的传输速率，而品质低劣的双绞线是无法满足高速率传输需求的。

构建的网络如果对数据传输速率有较高的要求，如大型网络，那么最好直接到名牌产品的特约经销商或代理商那里去购买，价格可能会贵一些，但品质是有保证的。

对于双绞线产品，目前市场上最多的是安普公司的产品，它的最大特点就是质量好、价格便宜。正因如此受欢迎，所以它的假货也是最多的，有的几乎可以以假乱真。在选购双绞线产品时应注意以下几点。

1. 看

（1）看包装箱质地和印刷，仔细查看线缆的箱体包装是否完好。许多厂家还在产品外包装上贴上了防伪标志。

（2）看外皮颜色及标识。

双绞线绝缘皮上通常印有诸如厂商产地、执行标准、产品类别、线长标识之类的字样。最常见的安普 5 类或者超 5 类双绞线塑料包皮颜色为深灰色，外皮发亮。

（3）看扭绕密度。

如果发现电缆中所有线对的扭绕密度相同，或线对的扭绕密度不符合技术要求，或线对的扭绕方向不符合要求，均可判定为伪品。

（4）看导线颜色。

与橙色线缠绕在一起的是白、橙色相间的线，与绿色线缠绕在一起的是白、绿色相间的线，与蓝色线缠绕在一起的是白、蓝色相间的线，与棕色线缠绕在一起的则是白、棕色相间的线。需要注意的是，这些颜色绝对不是后来用染料染上去的，而是使用相应的塑料制成的。

（5）看阻燃情况。

双绞线最外面的一层包皮除应具有很好的抗拉特性外，还应具有阻燃性。判断线缆是否阻燃，最简单的方法就是用火烧一下，不阻燃的线肯定不是正品。

2. 闻

（1）闻电缆。

正品双绞线应当无任何异味，而劣质双绞线则有一种塑料味道。

（2）闻气味。

点燃双绞线的外皮，正品线采用聚乙烯材料，应当基本无味；而劣质线采用聚氯乙烯材料，味道刺鼻。

3. 问

（1）问价格。

真货的价格要贵一些，而假货的价格较便宜，一般是真货价格的一半左右。

（2）问来历。

问双绞线的来历，并要求查看进货凭证和单据。

（3）问质保。

正规厂商的双绞线都有相应的技术参数，都提供完善的质量保证。

4. 试

（1）试手感。

真线外皮光滑、手感舒服，捏一捏线则手感饱满。

（2）试弯曲。

线缆应当可以随意弯曲，以方便布线。

7.5.4 选购光纤产品

1. 光纤分类

光纤按光在其中的传输模式可分为单模光纤和多模光纤。多模光纤的纤芯直径为50μm或62.5μm，包层外径为125μm，表示为50/125μm或62.5/125μm；单模光纤的纤芯直径为8.3μm，包层外径为125μm，表示为8.3/125μm。

光纤的工作波长有短波850nm、长波1310nm和1550nm三种。光纤损耗一般随波长增加而减小，850nm波长的损耗一般为2.5dB/km；1310nm波长的损耗一般为0.35dB/km；1550nm波长的损耗一般为0.20dB/km，这是光纤的最低损耗，1550nm以上波长的损耗趋向增大。由于OH^-的吸收作用，900～1300nm和1340～1520nm范围内都有损耗高峰，这两个范围未能充分利用。

2. 多模光纤

多模光纤的纤芯较粗（50μm或62.5μm），可传输多种模式的光。但其模间色散较大，这就限制了传输数字信号的频率，而且随距离的增加会更加严重。因此，多模光纤传输距离比较小，一般只有几千米。表7-2为多模光带宽的比较。

表 7-2 多模光纤带宽的比较

最小模式带宽（MHz*km）				
光纤类型	全模式带宽（LED）		激光带宽（Laser）	
	850nm	1300nm	850nm	1300nm
OM1（62.5/125μm）	200	500	ffs	ffs
OM2（50/125μm）	500	500	ffs	ffs
OM3（万兆 50/125μm）	1500	500	2000	ffs

光纤系统在传输光信号时，离不开光收发器和光纤。因传统多模光纤只能支持万兆传输几十米，为配合万兆应用开发新型光收发器，ISO/IEC 11801 制定了新的多模光纤标准等级，即 OM3，并于 2002 年 9 月正式颁布。OM3 光纤对 LED 和激光两种带宽模式都进行了优化，同时经过了严格的 DMD 测试认证。采用新标准的光纤布线系统能够在多模方式下至少支持万兆传输 300m，而在单模方式下能够达到 10km 以上（1550nm 更可支持 40km 传输）。

美国康普公司的多模光缆传输指标见表 7-3。

表 7-3 美国康普公司的多模光缆传输指标

解决方案	类型	千兆传输（m）	万兆传输（m）
OptiSPEED	OM1	275	32
LazrSPEED 150	OM2	800	150
LazrSPEED 300	OM3	1000	300
LazrSPEED 550	OM3+	1100	550

对比标准可知，康普公司提供的光缆传输指标远远超出标准中定义的指标。选择多模光缆时，应从以下几点进行考虑。

（1）从未来的发展趋势来讲，水平布线网络速率需要达到 1Gb/s，大楼主干网速率需要升级到 10Gb/s，园区骨干网速率需要升级到 10Gb/s 或 100Gb/s。目前，网络应用正在以每年 50%左右的速度增长。预计未来 5 年，千兆到桌面将变得和目前百兆到桌面一样普遍，因此在系统规划上要具有一定前瞻性。水平部分应考虑 6 类铜缆，主干部分应考虑万兆多模光缆，特别是现在 6 类铜缆加万兆多模光缆和超 5 类铜缆加千兆多模光缆在造价上只相差 10%～20%，从长期应用的角度来看，如果造价允许，应考虑采用 6 类铜缆加万兆光缆。

（2）从投资角度考虑，如果在至少 10 年内不会用到万兆传输速率，可选用 OptiSPEED。由于 OM3 光缆使用低价的 VCSEL 和 850nm 光源设备，可使万兆传输造价大大降低。如果距离不超过 150m，可选用 LazrSPEED 150；LazrSPEED 300 是 300m 万兆传输最好的选择；LazrSPEED 550 是 550m 万兆传输最好的选择；对于超过 550m 的万兆传输要求，应选择 TeraSPEED，即单模光缆系统。

3. 单模光纤

单模光纤的纤芯很细（芯径一般为 9μm 或 10μm），只能传输一种模式的光。因此，其模间色散很小，适用于远程通信。由于还存在材料色散和波导色散，因此单模光纤对光源的谱宽和稳定性都有较高的要求，即谱宽要窄、稳定性要好。

人们发现在 1310nm 波长处，单模光纤的总色散为零。从光纤的损耗特性来看，1310nm

波长区正好是光纤的一个低损耗窗口。这样，1310nm 波长区就成了光纤通信的一个很理想的工作窗口，也是现在实用光纤通信系统的主要工作波段。1310nm 常规单模光纤的主要参数是由国际电信联盟在 G652 建议中确定的，因此这种光纤又称 G652 光纤。

前面提到由于 OH^-的吸收作用，900～1300nm 和 1340～1520nm 范围内都有损耗高峰，该现象称为水峰。目前，美国康普公司提供的 TeraSPEED 零水峰单模光缆解决了此问题，TeraSPEED 系统通过消除 1400nm 水峰的影响因素，为用户提供更大的传输带宽，用户可以自由使用从 1260nm 到 1620nm 的所有波段。因此，传输通道从以前的 240 增加到 400，比传统单模光缆多 50%的可用带宽，为将来升级为 100Gb/s 带宽的粗波分复用技术打下了坚实的基础，TeraSPEED 系统成为园区/城市级理想的主干光纤系统。

对于单模光缆的选型建议如下：

（1）从传输距离的角度考虑，如果希望今后支持万兆传输且距离较远，应采用单模光缆。表 7-4 为光纤应用传输距离参照表。

表 7-4 光纤应用传输距离参照表

网络速率	传输距离	网络标准	光纤	光源	波长
100Mb/ps	2000m	100BASE-FX	MMF（多模）	LED	1300nm
1000Mb/ps	300m	1000BASE-SX	MMF（多模）	VCSEL	850nm
1000Mb/ps	550m	1000BASE-LX*	MMF（多模）	Laser	1300nm
1000Mb/ps	2000m	1000BASE-LX	SMF（单模）	Laser	1310nm
10Gb/ps	300m	10GBASE-S	OM3（多模）	VCSEL	850nm
10Gb/ps	300m	10GBASE-LX4	OM1（多模）	Laser	1310nm
10Gb/ps	2～10km	10GBASE-L	OS1（单模）	Laser	1310nm
10Gb/ps	40km	10GBASE-E	OS1（单模）	Laser	1550nm

（2）从造价的角度考虑，零水峰单模光缆提供比传统单模光缆多 50%的带宽，而造价上又相差不多，应采用零水峰单模光缆。事实上，美国康普公司目前已经不提供普通单模光缆，只提供零水峰单模光缆这样的更高性能的产品。

4. 鉴别光缆质量优劣的简单方法

1）外皮

室内光缆一般采用聚氯乙烯或阻燃聚氯乙烯外皮，外表光滑，具柔韧性，易剥离。质量不好的光缆外皮光洁度不好，易和里面的紧套、芳纶粘连。

室外光缆的 PE 护套应采用优质黑色聚乙烯材料，成缆后外皮平整、光亮、厚薄均匀，没有小气泡。劣质光缆的外皮一般用回收材料生产，这样可以节约不少成本，这样的光缆表皮不光滑，因原料内有很多杂质，做出来的光缆外皮有很多小坑，时间长了易开裂、进水。

2）光纤

正规光缆生产企业一般采用大厂的 A 级光纤，低价劣质光缆通常使用 C 级、D 级光纤和来路不明的走私光纤，这些光纤来源复杂，出厂时间较长，往往已经发潮变色，且多模光纤里还经常混着单模光纤，而小厂一般缺乏必要的检测设备，不能对光纤的质量做出判断。因肉眼无法辨别这样的光纤，施工中常碰到带宽很小，传输距离短；粗细不均匀，不能和尾纤对接；光纤缺乏柔韧性，盘纤时一弯就断的问题。

3）加强钢丝

正规生产厂家的室外光缆的钢丝是经过磷化处理的，表面呈灰色，这样的钢丝成缆后不增加氢损、不生锈、强度高。劣质光缆一般用细铁丝或铝丝代替，其外表呈白色，捏在手上可以随意弯曲。用这样的钢丝生产的光缆氢损大，时间长了，挂光纤盒的两头就会生锈断裂。

4）钢铠

正规生产企业采用双面做过防锈处理的纵包扎纹钢带；劣质光缆采用的是普通铁皮，通常只有一面做过防锈处理。

5）松套管

光缆中装光纤的松套管应该采用 PBT 材料，这样的套管强度高、不变形、抗老化；劣质光缆一般采用 PVC 套管，这样的套管管壁很薄，用手一捏就扁，有点像喝饮料的吸管。

6）纤膏

室外光缆内的纤膏可以防止光纤氧化、因水汽进入发潮等。劣质光缆中用的纤膏很少，严重影响光纤的使用寿命。

7）芳纶

芳纶又名凯夫拉，是一种高强度的化学纤维，目前在军工行业用得最多，军用头盔、防弹背心就是这种材料生产的。目前，世界上只有美国的杜邦公司和荷兰的阿克苏公司能生产这种材料，价格是三十多万元一吨。室内光缆和电力架空光缆都用芳纶纱作为加强件，因芳纶成本较高，劣质室内光缆一般把外径做得很小，这样可以少用几股芳纶以节约成本，这样的光缆在穿管的时候很容易被拉断。电力架空光缆因为要根据跨距、风速来确定光缆中芳纶的使用量，因此一般不会偷工减料。

7.5.5 选择无线局域网产品

随着现代技术的飞速发展，许多单位都在建设或使用着无线局域网（WLAN），因此有必要了解无线局域网产品的选择。无线局域网产品选择较多，如 3Com、Cisco、爱立信、正诚等，每个品牌的信誉与技术能力都毋庸置疑，相应的方案也都具有安装简便、使用灵活的优点，可以满足基本应用需求。而与此同时，即使最低端的无线局域网设备，价格也在万元以上，所以选购时不得不慎重。

目前看来，基于 802.11b 协议的产品已成为应用中的主流产品，这些产品都使用 2.4GHz 频段，能够在短距离内实现大约 11Mb/s 的接入速率，每个接入点可以同时支持数十个用户的接入。2.4GHz 频段同时也被蓝牙无线电话和微波炉使用，在一般的商业企业中不会有很多微波炉构成干扰源。不过，一些使用无线局域网的饭店和商店就要好好考虑一下设备的摆放问题了。

此外，不同等级的 802.11b 产品之间也有很多差别，主要表现在是否有自动配置功能，以什么样的方式支持漫游等方面。

自动配置功能对于需要安装很多访问点的企业来说很重要；对于只有很少几个访问点的企业来说，一次性配置并不是一项劳动量很大的工作，不值得为了自动配置功能而支付很高的差价。但是，假如需要用成百上千个访问点覆盖某个大型机构，针对每个接入点进行配置和维护就成了几乎不可能完成的任务，此时必须采用有自动配置功能的设备。

对于大部分公司提供的 802.11b 设备，要想在不同接入点之间获得漫游功能，必须保证这些接入点连接在同一子网上。假如用户想获得更大的灵活性，就要选择一个支持移动 IP 客户端软件的产品，并且在网络服务器上运行移动 IP 服务器软件，现在许多接入点产品已开始支持移动 IP 服务器软件。作为替代，用户也可以购买第三方软件，如 WRQ 的 NetMotion，它可以使用户在 LAN 和 WAN 之间漫游。另外，还有一些解决方案，如 Proxim 公司的 Harmony 802.11b Line，采用添加接入点控制器的形式实现灵活的漫游；而 Intermec 公司的无线 LAN 产品，在 IP 路由器上建立无线数据隧道，这样，用户的 IP 地址就可以一直有效，而不管它们在哪个子网上。

就像多数网络新技术一样，使用 WLAN 可以得到许多好处，但也使一些问题显得更加突出，如安全问题。

在 WLAN 中，由于不再针对每个端口设置一条专门的线作为通道，非法数据包在接入现有无线治理区之前很难被中途拦截。一般的 WLAN 产品多采用认证码的形式进行安全保护，每块网卡在安装时要设一个固定的号码，以确认它将用在哪个局域网中。这种方法在企业内部应用是可以的，但用于防范恶意入侵有些不够。许多实力雄厚的厂家生产的产品能提供更多的安全措施，这也是产品等级高低的标志之一。因此，在建立 WLAN 之前，确定产品采用了哪些安全措施也是非常重要的。

7.5.6 选择综合布线施工商

同选择布线产品一样，用户要选择自己满意的集成商或安装商。综合布线施工单位必须有信息产业部或建设部颁发的资质证书，用户在选择集成商或安装商时最好选择有资质的单位进行施工。但由于拥有这些资质的单位数量有限，因此市场上租用资质的现象较为普遍，而且存在工程分包现象，所以要找到真正的集成商或安装商确实是件不容易的事情。

在选择施工商时应注意以下几方面。

（1）确认同自己签订合同的公司实体是合法的、有资质的。

（2）在合同中规定严格的验收条款，以使自己的利益得到最大限度的保障。

7.6 任务实施——综合布线产品

通过分析信息学院网络综合布线工程任务，确定了如下综合布线产品。

1. 通信介质及网线接口产品

选用安普公司的产品。

2. 网络测试工具

选用 Fluke 增值代理商安恒公司的产品。Fluke 产品质量可靠、应用广泛、便携易用、价格合理。

7.7 同步训练

7.7.1 思考与练习

（1）综合布线产品的类别有哪些？
（2）综合布线产品的厂商有哪些？
（3）综合布线产品的选购注意事项有哪些？
（4）如何进行综合布线产品的市场调研？

7.7.2 实训

1. 实训题目

结合本单位实际布线工程，对网络综合布线产品进行市场调研，确定产品型号和厂商。

2. 实训目的

了解综合布线产品的调研、选购原则和方法，并通过实际动手查询、分析，确定综合布线产品的类型、数量和生产厂商。

3. 实训内容

根据实际任务，通过相关厂商的网站查询产品信息，并进行市场调研，确定产品品牌、类型和数量。

4. 实训方法

（1）了解实际布线工程基本情况，包括建筑环境、结构、信息点数目及功能。
（2）上网搜索不同厂商的不同产品，并进行市场调研，了解产品的特点、材质、价格和型号。
（3）确定所需产品的具体型号、数量、品牌和价格。

5. 实训总结

（1）分析实际工程中综合布线的“产品购置清单”，将所要购买产品的类型、名称和数量列出来。
（2）对“产品购置清单”进行分组讨论，确定产品的准确类型、名称和数量。
（3）按照附录所给实训报告样表写出报告。

附录A

综合布线常用名词解释

（1）应用系统：应用系统是采用某种方式传输信息的系统，这个系统能在综合布线系统中正常运行。

（2）线缆：与信息技术设备相连的电缆、光缆。

（3）综合布线：由线缆及相关连接硬件组成的信息传输通道，它能支持多种应用系统。综合布线中不包括应用系统中的各种终端设备和转换装置。

（4）建筑群、园区：建筑群、园区指一个或多个建筑物构成的区域。例如，学校、工厂、机场、小区或军事基地等。

（5）建筑物干线电缆、光缆：建筑物干线电缆、光缆指在建筑物内连接建筑物配线架与楼层配线架的电缆、光缆。这种电缆、光缆还可用来直接连接同一建筑物内的两个楼层配线架。

（6）建筑群干线电缆、光缆：建筑群干线电缆、光缆指在建筑群内连接建筑群配线架与建筑物配线架的电缆、光缆。这种电缆、光缆还可用来直接连接不同建筑物间的建筑物配线架。

（7）水平电缆、光缆：其为连接楼层配线架与信息插座的电缆、光缆。

（8）设备电缆、光缆：其为把应用系统的终端设备连接到配线架的电缆、光缆组件。

（9）工作区电缆、光缆：这是在工作区内，把终端设备连接到信息插座的电缆、光缆组件。

（10）电缆单元、光缆单元：其为形式和类别相同的电缆线对或光纤的组合，电缆单元可以带有屏蔽层。

（11）非屏蔽双绞电缆、对绞电缆：其为由非屏蔽线对组成的电缆（简称非屏蔽电缆）。当有总屏蔽时，称为带总屏蔽的非屏蔽电缆。

（12）屏蔽双绞电缆、对绞电缆：由屏蔽线对组成的电缆（简称屏蔽电缆）。当有总屏蔽时，称为带总屏蔽的屏蔽电缆。

（13）混合电缆、光缆：由多个不同形式或不同类别的电缆、光缆单元构成的组件，外面包覆一个总护套，护套内还可以有一个总屏蔽。其中，只由电缆单元构成的称为综合电缆；只由光缆单元构成的称为综合光缆；由电缆单元组件和光缆单元组件构成的称为混合电缆。

（14）跳线：不带连接器的电缆线对或电缆单元，用在配线架上连接各种链路。

（15）接插线：一端或两端带有连接器的软电缆或软光缆，用在配线架上连接各种链路，也可用于工作区中。

（16）配线盘：使用接插线连接链路的一种交接装置，通过配线盘可以方便地改换或断开链路。

（17）交接：使用接插线或跳线连接电缆、光缆或设备的一种非永久性连接方式。

（18）互连：不用接插线或跳线，将一根电缆或光缆直接连接到另一根电缆或光缆及设备的一种连接方式。

（19）配线架：电缆或光缆进行端接和连接的装置。在配线架上可进行互连或交接操作。

（20）建筑群配线架：端接建筑群干线电缆、光缆的装置。

（21）建筑物配线架：端接建筑物干线电缆、干线光缆并可连接建筑群干线电缆、干线光缆的装置。

（22）楼层配线架：水平电缆、水平光缆与其他布线子系统或设备相连接的装置。

（23）链路：综合布线的两个接口间具有规定性能的传输通道。链路中不包括终端设备、工作区电缆、工作区光缆和设备电缆、设备光缆。

（24）通道：连接两个应用设备进行端到端信息传输的路径。一条物理通道可划分为若干条逻辑信道，通道中包括应用系统的设备连接线缆和工作区接插线。

（25）信息插座、引出端：综合布线在各工作区的接口，与水平电缆或水平光缆相连接。工作区的终端设备用接插线连接到该接口。

（26）引入设备：将通信电缆或通信光缆按照有关规定引入建筑物的相关设备。

（27）公用网接口：公用网与专用网之间的分界点。在多数情况下，公用网接口是公用网设备与综合布线的连接点。

（28）配线间、交接间、电信间：放置配线架、应用设备并进行综合布线交接和管理的专用空间，干线子系统和水平子系统在此进行转接。

（29）设备间：放置电信设备、应用设备和配线架并进行综合布线交接及管理的空间。

（30）工作区：放置应用系统终端设备的地方。综合布线一般按 $10m^2$ 面积划分一个工作区。

（31）转接点：在水平布线系统中，不同形式或规格的电缆、光缆相连接的点（如扁平电缆与圆电缆或不同对数的电缆连接点）。

（32）终端：能通过通道或链路发送和接收信息的一种设备，它以联机方式工作。

（33）信息：客观事物运动状态的表征与描述。它是客观事物运动状态的符号、序列（如字母、数字）或连接时间的函数（如图像）。

（34）管理点：管理通道的各种交叉连接、直接连接或信息插座的排列。

（35）适配器：这种装置使用不同大小或不同类型的插头与信息匹配，提供引线的重新排列，允许多对电缆分成较小的几股，使电缆间互连。

（36）平衡、非平衡转换器：一种将电气信号由平衡转为非平衡或由非平衡转换为平衡的装置，可用在双绞电缆和同轴电缆之间进行阻抗匹配。

（37）弯曲半径：光纤弯曲而不断裂或不引起过多附加损耗的弯曲半径。

（38）连接块、布线块：连接双绞电缆的硬件，可用跳线或接插线来实现链路的连接。

（39）折射率渐变光纤：折射率沿轴向降低的光纤。

综合布线常用缩略语

（1）ACR：Attenuation to Crosstalk Ratio，串扰衰减比。

（2）ADU：Asynchronous Data Unit，异步数据单元。

（3）ATM：Asynchronous Transfer Mode，异步传输模式。

（4）BA：Building Automatization，楼宇自动化。

（5）BD：Building Distributor，建筑物配线设备。

（6）B-ISDN：Broadband ISDN，宽带 ISDN。

（7）10BASE-T：10BASE-T 10Mb/s，基于 2 对线应用的以太网。

（8）100BASE-TX：100BASE-TX 100Mb/s，基于 2 对线应用的以太网。

（9）100BASE-T4：100BASE-T4 100Mb/s，基于 4 对线应用的以太网。

（10）100BASE-T2：100BASE-T2 100Mb/s，基于 2 对线全双工应用的以太网。

（11）1000BASE-T：1000BASE-T 1000Mb/s，基于 4 对线全双工应用的以太网。

（12）100BASE-VG：100BASE-VG 100Mb/s，基于 4 对线应用的需求优先级网络。

（13）CA：Communication Automatization，通信自动化。

（14）64CAP：64-Carrierless Amplitude Phase 8*8，无载波幅度和相位调制。

（15）CD：Campus Distributor，建筑群配线设备。

（16）CP：Consolidation Point，集合点。

（17）CSMA/CD 1BASE5：Carrier Sense Multiple Access with Collision Detection 1BASE5，基于 1Mb/s 粗电缆的载波监听多路访问/冲突检测。

（18）CSMA/CD 10BASE-F：基于 10Mb/s 光纤的载波监听多路访问/冲突检测。

（19）CSMA/CD FOIRL：CSMA/CD Fiber Optic Inter-Repeater Link，CSMA/CD 中继器之间的光纤链路。

（20）CISPR：Commission International Special des Perturbations Radio，国际无线电干扰特别委员会。

（21）dB：电信传输单位，即分贝。

（22）dBm：取 1mW 作为基准值，以分贝表示的绝对功率电平。

（23）dBm0：取 1mW 作为基准值，相对于零相对电平点，以分贝表示的信号绝对功率电平。

（24）DCE：Data Circuit Equipment，数据电路设备。

（25）DDN：Digital Data Network，数字数据网。

（26）DSP：Digital Signal Processing，数字信号处理。

（27）DTE：Date Terminal Equipment，数据终端设备。

（28）EIA：Electronic Industries Association，美国电子工业协会。

（29）ELFEXT：Equal Level Far End Crosstalk，等电平远端串扰。

（30）EMC：Electro Magnetic Compatibility，电磁兼容性。

（31）EMI：Electro Magnetic Interference，电磁干扰。

（32）ER：Equipment Room，设备间。

（33）FC：Fiber Channel，光纤信道。

（34）FD：Floor Distributor，楼层配线设备。

（35）FDDI：Fiber Distributed Data Interface，光纤分布数据接口。

（36）FEP[(CF(CF)-CF)(CF-CF)]：FEP 氟塑料树脂。

（37）FEXT：Far End Crosstalk，远端串扰。

（38）ffs：for further study，进一步研究。

（39）FR：Frame Relay，帧中继。

（40）FTP：Foil Twisted Pair，金属箔双绞线。

（41）FTTB：Fiber To The Building，光纤到大楼。

（42）FTTD：Fiber To The Desk，光纤到桌面。

（43）FTTH：Fiber To The Home，光纤到家庭。

（44）FWHM：Full Width Half Maximum，谱线最大宽度。

（45）GCS：Generic Cabling System，综合布线系统。

（46）HPPI：High Perform Parallel Interface，高性能并行接口。

（47）Hub：集线器。

（48）IBDN：Integrated Building Distribution Network，建筑物综合分布网络。

（49）IBS：Intelligent Building System，智能大楼系统。

（50）IDC：Insulation Displacement Connection，绝缘压穿连接。

（51）IEC：International Electrotechnical Commission，国际电工委员会。

（52）IEEE：Institute of Electrical and Electronics Engineers，美国电子电气工程师协会。

（53）IP：Internet Protocol，因特网协议。

（54）ISDN：Integrated Services Digital Network，综合业务数字网。

（55）ISO：International Organization for Standardization，国际标准化组织。

（56）ITU：International Telecommunication Union，国际电信联盟。

（57）LAN：Local Area Network，局域网。

（58）LCF FDDI：Low Cost Fiber FDDI，低费用光纤 FDDI。

（59）LSHF-FR：Low Smoke Halogen Free-Flame Retardant，低烟无卤阻燃。

（60）LSLC：Low Smoke Limited Combustible，低烟阻燃。

（61）LSNC：Low Smoke Non-Combustible，低烟非燃。

（62）LSZH：Low Smoke Zero Halogen，低烟无卤。

（63）MDNEXT：Multiple Disturb NEXT，多个干扰的近端串扰。

（64）MLT-3：Multi-Level Transmission-3，电平传输码。

（65）MUTO：Multi-User Telecommunications Outlet，多用户信息插座。

（66）N/A：Not Applicable，不适用的。

（67）NEXT：Near End Crosstalk，近端串扰。

（68）N-ISDN：Narrow ISDN，窄带 ISDN。

（69）NRZ-I：No Return Zero-Inverse，非归零反转码。

（70）OA：Office Automatization，办公自动化。

（71）PAM5：Pulse Amplitude Modulation 5，5 级脉幅调制。

（72）PBX：Private Branch Exchange，用户电话交换机。

（73）PDS：Premises Distribution System，建筑物布线系统。

（74）PFA[(CF(OR)-CF)(CF-CF)]：PFA 氟塑料树脂。

（75）PMD：Physical Layer Medium Dependent，依赖于物理层模式。

（76）PSELFEXT：Power Sum ELFEXT，等电平远端串扰功率和。

（77）PSNEXT：Power Sum NEXT，近端串扰功率和。

（78）PSPDN：Packet Switched Public Data Network，公众分组交换数据网。

（79）RF：Radio Frequency，射频。

（80）SC：Subscriber Connector(Optical Fiber)，用户连接器（光纤）。

（81）SC-D：Subscriber Connector-Dual(Optical Fiber)，双联用户连接器（光纤）。

（82）SCS：Structured Cabling System，结构化布线系统。

（83）SDU：Synchronous Data Unit，同步数据单元。

（84）SM FDDI：Single- Mode FDDI，单模 FDDI。

（85）SFTP：Shielded Foil Twisted Pair，屏蔽金属箔双绞线。

（86）STP：Shielded Twisted Pair，屏蔽双绞线。

（87）TIA：Telecommunications Industry Association，美国通信工业协会。

（88）TO：Telecommunications Outlet，信息插座（电信引出端）。

（89）Token Ring 4Mb/s：4Mb/s 的令牌环路。

（90）Token Ring 16Mb/s：16Mb/s 的令牌环路。

（91）TP：Transition Point，转接点。

（92）TP-PMD/CDDI：Twisted Pair-Physical Layer Medium Dependent/Cable Distributed Data Interface，依赖双绞线介质的传送模式或铜缆分布数据接口。

（93）ITU-T：International Telecommunication Union Telecommunication Standardization Sector，国际电信联盟电信标准化分会。

（94）UL：Underwriters Laboratories，（美国）保险商实验所安全标准。

（95）UNI：User Network Interface，用户网络侧接口。

（96）UPS：Uninterrupted Power System，不间断电源系统。

（97）UTP：Unshielded Twisted Pair，非屏蔽双绞线。

（98）VoD：Video on Demand，视频点播。

（99）Vr.m.s：Vroot.mean.square，电压有效值。

（100）WAN：Wide Area Network，广域网。

网络综合布线实训报告

<table>
<tr><td colspan="5">网络综合布线实训报告</td></tr>
<tr><td colspan="2">实训题目：</td><td colspan="3">学生姓名：</td></tr>
<tr><td colspan="2">实训目的：</td><td colspan="3">学生班级：</td></tr>
<tr><td colspan="2">指导教师：</td><td colspan="3">实训日期：</td></tr>
<tr><td>实训内容</td><td></td><td></td><td></td><td></td></tr>
<tr><td>实训方法与步骤</td><td></td><td></td><td></td><td></td></tr>
<tr><td>实训思考总结</td><td></td><td></td><td></td><td></td></tr>
<tr><td rowspan="4">课后评比</td><td>测评内容</td><td>自评</td><td>互评</td><td>教师</td></tr>
<tr><td>实训准备工作</td><td></td><td></td><td></td></tr>
<tr><td>实训操作过程与结果</td><td></td><td></td><td></td></tr>
<tr><td>思考与总结</td><td></td><td></td><td></td></tr>
</table>

反侵权盗版声明

电子工业出版社依法对本作品享有专有出版权。任何未经权利人书面许可，复制、销售或通过信息网络传播本作品的行为；歪曲、篡改、剽窃本作品的行为，均违反《中华人民共和国著作权法》，其行为人应承担相应的民事责任和行政责任，构成犯罪的，将被依法追究刑事责任。

为了维护市场秩序，保护权利人的合法权益，我社将依法查处和打击侵权盗版的单位和个人。欢迎社会各界人士积极举报侵权盗版行为，本社将奖励举报有功人员，并保证举报人的信息不被泄露。

举报电话：（010）88254396；（010）88258888

传　　真：（010）88254397

E-mail:　　dbqq@phei.com.cn

通信地址：北京市万寿路 173 信箱

电子工业出版社总编办公室

邮　　编：100036